Les commencements du monde, de Moïse à Buffon

Acteurs de la Science
Fondée par Richard Moreau,
professeur honoraire à l'Université de Paris XII
Dirigée par Claude Brezinski et Roger Teyssou

La collection Acteurs de la Science est consacrée à des études sur les acteurs de l'épopée scientifique moderne ; à des inédits et à des réimpressions de mémoires scientifiques anciens ; à des textes consacrés en leur temps à de grands savants par leurs pairs ; à des évaluations sur les découvertes les plus marquantes et la pratique de la Science.

Dernières parutions

Alain MARMONIER, *Le Dr Melchior Marmonier,1813-1891.Vie et œuvre du promoteur de la transfusion sanguine en Grésivaudan,* 2020.
Claudio GRIMALDI, *Les Éloges de Fontenelle. La création du discours sur la science*, 2020.
Benoît LINEL, *Le docteur Vitalien. Le médecin de Ménélik II*, 2020.
Joël MARCOVITCH, *L'embryon, mémoire de l'humanité*, 2020.
Christiane VILAIN, *Où va la physique ? De la physique mécaniste à quelques élaborations contemporaines,* 2019
Vincent LAFORGE, *La chair et le plomb*, 2019.
Jean-Yves DE LA CAFFINIÈRE, *Robert Merle d'Aubigné, Chirurgien bâtisseur (1900-1989),* 2019.
Roger TEYSSOU, *Théodore Tronchin et la grande aventure de l'inoculation de la variole*, 2019.
Sofiane BOUHDIBA, *Le côté obscur de la médecine. Mauvais médecins et médecins mauvais, de l'Antiquité à nos jours*, 2019.
Daniel BOIS, *L'information aux sources de la science*, 2019.
Alexandru MARINESCU, *Le voyage de la « Belgica », Premier hivernage dans les glaces antarctiques,* 2019.
Franck CANOREL, *Contribution à l'histoire sociale des poisons. Le Ginger Jake*, 2018.
Tithnara SUN, *Les mots de la pharmacie, Une histoire linguistique de la pharmacie,* 2018.

Robert Locqueneux

Les commencements du monde, de Moïse à Buffon

L'Harmattan

Du même auteur

Histoire de la physique, Paris, PUF, Que sais-je ?, 1987.
Traduction allemande d'Andreas Kleinert,
Kurze Geschichte des Physik (édition revue et augmentée),
Göttingen, Vanderhoeck et Ruprech, 1989.
Traduction portugaise de Cascais Franco,
Historia da Fisica (édition revue et augmentée),
édition Europa-America (Portugal), 1989.

Préhistoire et histoire de la thermodynamique classique, une histoire de la chaleur, Paris, Société française d'histoire des sciences et des techniques, diffusion Albert Blanchard, 1996.

Ampère, encyclopédiste et métaphysicien,
en collab. avec Myriam Scheidecker, Les Ullis, EDP Sciences, 2008.

Henri Bouasse, un regard sur l'enseignement et la recherche,
préface de Nicole Hulin, Paris, Librairie Albert Blanchard, 2008.

Henri Bouasse, Réflexions sur les méthodes et l'histoire de la physique,
Paris, L'Harmattan, 2009.

Histoire de la thermodynamique classique, de Sadi Carnot à Gibbs,
Paris, Belin, 2009.

Une histoire des idées en physique, préface de Bernard Maitte, Paris,
Vuibert/Société française d'histoire des sciences et des techniques, 2009.

Science classique & théologie, Paris, Vuibert, ADAPT-SNES, 2010.

Sur la nature du feu aux siècles classiques, réflexions des physiciens & des chimistes, préface de Bernard Maitte, Paris, L'Harmattan, 2014.

Baromètres, machines pneumatiques & thermomètres, chez & autour de Pascal, d'Amontons & de Réaumur, Paris, L'Harmattan, 2015.

L'électricité au Siècle des lumières, Nollet, Franklin & les autres,
Paris, L'Harmattan, 2016.

En collaboration avec Bernard Maitte
Une histoire des images du monde, d'Hésiode à Stephen Hawking,
préface d'Olivier Las Vergnas, Président de l'Association française d'astronomie, Paris, Ciel et Espace, 2020.

5-7, rue de l'Ecole-Polytechnique, 75005 Paris
http://www.editions-harmattan.fr
ISBN : 978-2-343-21238-8
EAN : 9782343212388

Chapitre 1

Quelques commentaires de la *Genèse* chez les anciens, un héritage incontournable

Le commentaire de la *Genèse* par Saint Jérôme

Donnons une idée de ce que pouvaient être au temps de Saint Jérôme et d'Augustin l'établissement et le commentaire du texte de la *Genèse*.

Jérôme (347-419 ou 420) prend une version grecque de la *Genèse*, mais ne prend pas le texte du *Septante* dans son « *Livre des questions hébraïques sur la Genèse* »[1]. D'entrée, sans doute pour montrer qu'il y a de nombreuses versions incorrectes de la *Bible* dues à des copistes peu attentifs, il commence par corriger la première phrase d'une version incorrecte de la *Genèse* : « *Dieu fit le ciel et la terre dans le fils* »[2]. Jérôme ne voit pas bien ce que Jésus-Christ vient faire dans cette histoire et rectifie ce propos en prenant une autre version qui se traduit par : « *Dieu fit le ciel et la terre au commencement.* » Je cite cet exemple pour montrer que les copistes en prenaient parfois à leur aise ; même sur des textes qui, pour eux, étaient sacrés.

Voici comment Jérôme commente cette phrase de la *Genèse* : « *"Et l'esprit de Dieu était porté sur les eaux" (Gen. 1-2). Au lieu du mot "était porté" de nos recueils, l'hébreu dit MEREFEH, que nous pouvons rendre par*

---

1 Saint Jérôme, *Livre des questions hébraïques sur la Genèse*, in *Œuvres complètes de St Jérôme*, traduites en français et annotées par l'abbé Jean-François Bareille, tomes 1 à 12 et tome 18 ; 1877-1885.
2 *ib.*, tome 3, 1878, p. 507-566 ; p. 510, 511.

"était couché sur" ou par "entretenait dans sa chaleur", à la ressemblance d'un oiseau vivifiant les œufs par la chaleur. Par là nous comprenons que cela n'est pas dit du souffle du monde, comme quelques uns le pensent, mais de l'Esprit-Saint, qui est appelé vivificateur de toutes choses dès le commencement. S'il est vivificateur, il est par conséquent créateur, et s'il est créateur, il est Dieu. "Envoyer, est-il dit, votre Esprit, elles seront créées" Psalm. CIII, 30. "Et il appela mer les réunions des eaux" (Gen. I, 10).

Notons que toute réunion d'eaux qu'elles soient salées ou qu'elles soient douces, selon l'idiome de la langue hébraïque s'appelle mer. [...] tout lac, toute réunion d'eaux s'appelle mer.[...]

"Et Dieu acheva le sixième jour les œuvres qu'il fit" (Ibid.II, 2.) Au lieu de sixième jour, il y a dans l'hébreu, le septième jour. Nous presserons ici les Juifs, qui s'enorgueillissent du repos du sabbat ; au commencement déjà, dirons-nous, fut aboli le sabbat, puisque Dieu travaille ce jour-là, puisqu'il achève ses œuvres, puisqu'il les bénit en ce même jour, qui est celui où il a complété la création.

"Et le seigneur Dieu planta le paradis en Eden, en face de l'orient" (Ibid. 8.) Au lieu de paradis, l'hébreu porte jardin, c'est-à-dire Gan. Or Eden correspond à délices. Symmaque l'a traduit par paradis fleuri. Ce qui suit, en face de l'orient est écrit en hébreu MECEDEM, qu'Aquila remplace par "apo archès" [en lettres grecques] et que nous pouvons rendre par dès l'origine".

Symmaque [...] et Theodotion utilisent des expressions qui ne répondent pas à Orient, mais à commencement. Par là, il est de la dernière évidence qu'avant de faire le ciel et la terre, Dieu avait créé le paradis, comme on lit dans le texte hébreu "Le seigneur Dieu avait planté le paradis en Eden, dès le commencement" [...] "Et le Seigneur Dieu prit l'homme, et le plaça dans le paradis de la volupté. " (ibid. 15).

Pour volupté, l'hébreu dit EDEN. Ici, les Septante ont traduit EDEN par volupté. Symmaque, qui avait traduit naguères par paradis fleuri, a mis ici [... des] mots qui réveillent l'idée d'agrément et de délices. »

Le commentaire de la *Genèse* d'Augustin

Augustin (354-430) est né Thagaste en Afrique du Nord, il fit ses études à Carthage et y enseigna à ses débuts, en 386 et 387, il séjourna ensuite à Milan, qui, à l'époque, surpassait Rome dans le domaine de la culture savante. Influencé par sa mère il se convertit au christianisme, il est baptisé en 391, ordonné prêtre à Hippone [une ville proche de l'actuelle Annaba] ; de 395 à 423, il y est évêque coadjuteur, et, à cette date, évêque titulaire.

Augustin fut d'abord séduit par le manichéisme avant de s'en détourner et de le combattre. Il s'attacha alors au néoplatonisme qui chez Plotin est monothéiste, pour lui l'âme immatérielle est emprisonnée dans le corps. Pour ces philosophes, la foi chrétienne est choquante, Dieu n'a pu condescendre à s'incarner dans une existence humaine et mourir, comme un esclave, sur une croix. Mais l'adhésion d'Augustin au platonisme ne sera qu'une transition vers sa conversion.

Augustin commente la *Genèse* dans les trois derniers livres de ses *Confessions*, un ouvrage qu'il rédigea entre 397 et 400, ainsi que dans deux ouvrages : *Sur la Genèse contre les manichéens*, écrit en 388-389, peu après sa conversion, et dans *Sur la Genèse au sens littéral*, commencé vers 394, qui eut des ajouts en 426 et 427, et est resté inachevé[1]. C'est ce dernier que nous évoquons ici. Augustin ne dispose pas de l'analyse textuelle à laquelle ont abouti des siècles d'exégèses. Il considère - comme tous les auteurs le feront jusqu'à la Renaissance – la *Genèse* comme un récit qui serait l'œuvre de Moïse, inspirée par Dieu, parlant principalement du commencement. Il relève donc un certain nombre de contradictions, celles qui ont permis la différenciation chronologique des fragments de textes assemblés, et se heurte à des problèmes d'interprétation dès les premiers mots. « *Dans le principe, Dieu fit le ciel et la terre.* »[2] Quel est ce principe ? Est-ce le commencement de l'œuvre de création, la sagesse de Dieu, le commencement du temps qui aurait commencé d'exister en même temps que le ciel et la terre ? Mais à la suite, il est écrit : *« Et Dieu dit : qu'il y ait des luminaires au firmament du ciel, pour qu'ils brillent sur la terre et séparent le jour et la nuit ; et qu'ils servent de signes pour les temps, les jours et les années »*[3]. Ici, Augustin ne comprend pas que les jours aient pu exister avant que le temps existe, puisqu'il est dit que les luminaires ont été faits le quatrième jour et que le début du temps est marqué par la course des luminaires. Augustin suggère que cette répartition en jours peut être ordonnée à l'usage de la faiblesse humaine afin que le texte suive les règles habituelles des récits. Quand il est écrit que Dieu fit le ciel et la terre, Augustin s'interroge : doit-on comprendre l'ensemble de la création – la terre désignant tout ce qui est visible et le ciel, la création invisible – ou alors appelle-t-on ciel et terre, *« la matière d'abord informe de l'univers qui a été en natures ayant*

1 Saint Augustin, *Sur la Genèse contre les Manichéens*, *Sur la Genèse au sens littéral*, *Livre inachevé*, traduction de P. Monat, in *Œuvres de Saint Augustin*, 50, Paris, Institut d'études augustiniennes, 2004.
2 Saint Augustin, *Sur la Genèse au sens littéral*, *Livre inachevé*, p. 401.
3 *Ib.*, p. 405.

formes et espèces par un ordre ineffable de Dieu. »[1] Quant à dire les ténèbres étaient au dessus de l'abîme, revient à dire : « *il n'y avait pas de lumière au-dessus de l'abîme* »[2]. Et quand il est écrit : « *L'esprit de Dieu était porté au-dessus des eaux* », l'eau désigne simplement la matière sans forme et susceptible d'être travaillée. Après avoir évoqué diverses explications de cette parole, Augustin retient qu'on doit croire que « *Dieu est l'origine et le créateur de toutes les choses qui ont vu le jour [...] et qu'il n'existe absolument aucune créature qui ne tienne de lui le commencement et l'achèvement de son espèce et de sa substance.* »[3]

Lorsqu'il est écrit dans la *Genèse* : « *Et Dieu dit Que la lumière soit faite ; et la lumière fut faite* »[4], Augustin précise que lorsqu'on parle de la parole de Dieu, il ne s'agit là que d'une image, que cette parole fut dite d'une manière ineffable et non par une voix semblable à la voix humaine ; en outre, il considère qu'avant que n'existent le ciel et ses luminaires, il ne peut s'agir d'une lumière corporelle répandue dans l'espace mais « *d'une lumière incorporelle comme celle qui, dans l'âme, juge de ce qui doit être évité et recherché par les sens du corps, et dont même les âmes des animaux ne sont pas dépourvues.* »[5] Le récit de la *Genèse* se poursuit toujours en cette première journée : « *Et Dieu vit que la lumière était bonne. [...] Et Dieu sépara la lumière et les ténèbres.* »[6] Augustin juge que « *Dieu a séparé la lumière les ténèbres du seul fait qu'il a créé la lumière, dont l'absence s'appelle ténèbres.* »[7] Et naturellement, Augustin disserte sur la

---

1 *ib.*, p. 409.
2 *ib.*, p. 415, pour cette citation et la suivante.
3 *ib.*, p. 425.
4 *ib.*, p. 427.
5 *ib.*, p. 429.
6 *ib.*, p. 431, pour cette citation et la suivante.
7 *ib.*, p. 433.

lumière qui apparaît à nos yeux et sur les lumières de l'esprit… Il y ajoute qu'il ne peut être dit que Dieu a fait les ténèbres puisqu'il n'est pas l'auteur de nos vices. « *Et Dieu appela la lumière jour et il appela les ténèbres nuit* »[1], pour Augustin, il ne peut être ici question que de synonymie : *« S'il (Dieu) veut que l'on comprenne qu'il s'agit du jour que commence le lever du soleil et que clôt son coucher, et de la nuit qui s'étend du coucher du soleil jusqu'à son lever, je ne vois pas comment ils auraient pu exister avant que n'aient été faits les luminaires du ciel* »[2]. Mais la phrase suivante, qui achève le premier jour, « *Et il y eut un soir, et il y eut un matin : premier jour.* »[3] nous amène, au jour de l'année, comme le souligne Augustin. Au terme de cette présentation du premier jour de la création, Augustin suggère que le texte de la *Genèse* présente « *un récit des œuvres de Dieu qui suit en quelque sorte un ordre chronologique : [que] cette disposition a pour fonction de mettre pour ainsi dire sous nos yeux dans un récit ordonné ce que les esprits plus faibles ne pouvaient pas voir dans une contemplation stable* »[4]. Augustin pense que l'œuvre de création fut faite en un instant, et cite l'*Ecclésiaste* : « *Celui qui demeure éternellement a tout créé à la fois.* »

Second jour : « *Et Dieu dit : Qu'il y ait un firmament au milieu de l'eau, et qu'il constitue une séparation entre l'eau et l'eau. Et il en fut ainsi. Et Dieu fit le firmament et il fit une séparation entre l'eau qui était sous le firmament et l'eau qui était au-dessus du firmament.* »[5] Qu'elles sont ces eaux ? Selon Augustin, l'eau inférieure pourrait être la matière des corps et l'eau supérieure la matière des âmes ; le firmament étant le ciel, est-il la séparation des corps

1 *ib.*, p. 439.
2 *ib.*, p. 443.
3 *ib.*, p. 445.
4 *ib.*, p. 447, pour cette citation et la suivante.
5 *ib.*, p. 443.

terrestres et des corps célestes, des corps soumis au changement et à la dissolution et ceux où tout est paisible et ferme. Faut-il en trouver « *une preuve tirée de la lenteur de l'une des sept planètes qui est plus élevée que les autres et que les Grecs appellent Phainon, qui parcourt en trente ans le cercle porteur des étoiles.* »[1] Augustin en vient à juger qu'il ne faut pas fouiller tous les détails avec minutie ; et « *que chacun choisisse comme il peut, à condition pourtant de ne rien avancer de téméraire ni de donner l'inconnu pour le connu, et de se souvenir qu'il n'est qu'un homme, qui peut s'interroger sur les œuvres divines dans la mesure seulement où cela lui est permis.* »[2]

Troisième jour : « *Et Dieu dit : Que se rassemble l'eau qui est sous le ciel en un ensemble unique, et qu'apparaisse l'élément sec. Et il en fut ainsi* »[3]. Ainsi le mot « *eau* » désignait-il la matière du monde, et ce rassemblement doit être compris comme la formation qui a donné à l'eau l'aspect que nous lui voyons ; l'apparition de l'élément sec peut être comprise comme la formation de la terre avec l'aspect que nous lui voyons. « *Et Dieu appela l'élément sec terre et il appela mer le rassemblement des eaux* »[4] Augustin remarque que c'est pour nous que ces termes sont employés, que le mot « *eau* » prend le sens que nous lui donnons : « *en effet, dit-il, toute eau n'est pas mer, et tout ce qui est sec n'est pas terre.* » Dans la suite de ce jour, « *Dieu dit : Que la terre fasse pousser des plantes nourricières, portant semence selon leur espèce et à leur ressemblance, et des arbres fruitiers portant du fruit, qui aient en eux une semence à leur ressemblance.* »[5] Augustin suppose que ces choses ne devaient pas être

---

1 *ib.*, p. 449, 451.
2 *ib.*, p. 453.
3 *ib.*, p. 455.
4 *ib.*, p. 457, pour cette citation et la suivante.
5 *ib.*, p. 459.

faites un autre jour, du fait qu'elles sont fixées à la terre par des racines et en sont le prolongement.

Quatrième jour : « *Et Dieu dit : qu'il y ait des luminaires au firmament du ciel pour qu'ils brillent sur la terre et séparent le jour et la nuit ; et qu'ils servent de signes pour les temps, les jours et les années ; qu'ils soient resplendissants au firmament du ciel pour briller sur la terre.* »[1] Augustin pose des questions et esquisse parfois ses propres réponses : « *Que signifient alors les trois jours passés sans les luminaires ? Et pourquoi des luminaires pour les jours, si même sans eux des jours ont pu exister ? Est-ce parce que la durée et les intervalles temporels peuvent être discernés plus clairement par les hommes grâce au mouvement de ces luminaires ?* » Ou bien cette énumération des jours et des nuits permet-elle de mieux marquer la succession des choses crées et à créer. Quant à l'évocation des luminaires au firmament du ciel, Augustin ne sait si cela concerne seulement les astres fixes ou également les astres errants (les planètes). Les deux luminaires, le grand et le petit, sont comptés parmi les astres errants, Augustin se pose la question suivante : « *comment peut-on dire qu'ils ont été faits au firmament, dès lors que chaque astre errant possède sa propre révolution et trajectoire ?* »[2] Il suggère : « *faut-il comprendre, du fait qu'on trouve dans les Ecritures à la fois plusieurs ciels et un ciel [...] que l'on parle de ciel et de firmament [...] que le firmament désigne toute cette immense machine éthérée qui contient tous les astres, sous laquelle règne la sérénité d'un ciel tranquille, sous lequel, plus bas, s'agite notre air turbulent et tourbillonnant ?* » A ce moment du récit, il est dit que le jour et la nuit ne sont plus ce qu'ils étaient avant que le soleil et la lune ne soient créés : « *Tous autres sont le jour et la nuit dont le mouvement du ciel nous fait sentir l'alternance, qui ne*

---

1 *ib.*, ib., p. 463, pour cette citation et la suivante.

2 *ib*, p. 465, pour cette citation et la suivante.

pourrait exister sans le lever et le coucher du Soleil. »[1] Ceux-ci servent de signes pour les jours et les années. Il va naturellement de soi que pour Augustin, la Terre est immobile au centre de la création. Augustin fait ici quelques digressions, sur la machine du monde, sur les jours dont la durée est déterminée par la révolution des astres fixes, tandis que « *les années apparaissent nettement lorsque le Soleil parcourt le cercle porteur d'étoiles, mais de façon plus obscure lorsque chacun des astres errants le parcourt sur ses propres cercles.* »

Le cinquième jour, « *Dieu dit : Que les eaux produisent les reptiles doués d'âmes vivantes et les volatiles qui volent au dessus de la terre sous le firmament du ciel.* »[2] Augustin s'interroge, pourquoi les volatiles sont produits par les eaux et non par l'air ; a-t-on appelé eau, l'air proche des terres, car « *l'existence de la rosée même par les nuits les plus claires, atteste qu'il est humide – parce qu'il se condense en nuages.* » De fait, c'est dans cet air-là que volent les oiseaux, car ils ne peuvent voler dans l'air plus élevé et plus pur, sa légèreté ne peut soutenir leur poids et dans cet air, il ne se forme pas de nuages et il n'y a pas de tempêtes, il n'y a absolument aucun vent, comme au sommet de l'Olympe. Augustin juge donc qu'il n'y a aucune absurdité à considérer que « *dans les Ecritures divines, on appelle firmament du ciel ce qui s'étend jusqu'à ces espaces, et à admettre que l'air très tranquille et très serein fait partie du firmament.* »[3] Ajoutons que ce même jour, les eaux produisirent « *des reptiles doués d'âmes vivantes* »[4] et « *des volatiles volant au-dessus de la terre, sous le firmament du ciel.* »

Le sixième jour, « *Dieu dit : Que la terre produise des animaux vivants selon leur espèce : quadrupèdes, reptiles*

---

1 *ib.*, p. 467, pour cette citation et la suivante.
2 *ib.*, p. 475, pour cette citation et la suivante.
3 *ib.*, p. 467.
4 *ib.*, p. 483, pour cette citation et la suivante.

et bêtes de la terre selon leur espèce et le bétail selon son espèce. Et il en fut ainsi. »[1] Notons simplement que les commentaires d'Augustin font de la fixité des espèces, une évidence. « *Dieu dit : Faisons l'homme à notre image et à notre ressemblance.* »[2] Voilà qui clôt bien le récit de la *Genèse*, sa fin. Nous ne suivrons pas Augustin dans ses commentaires de cet événement, ils sont fort longs et constituent la partie finale de cet ouvrage inachevé.

Dans *Les Confessions*, Augustin aborde les difficultés que lui pose le problème de la création ; des difficultés qui le laissent sans réponse. Dieu est éternel, que faisait-il avant de créer le ciel et la terre ? « *Avant de faire le ciel et la terre, Dieu ne faisait rien ; car, s'il faisait quelque chose, que faisait-il, sinon une créature ?* »[3] et de déplorer son ignorance : « *Ah ! si seulement je pouvais savoir tout ce que je désire savoir pour mon bien, avec autant de certitude que je sais qu'avant la création il n'y avait pas de créature !* »

Le commentaire de la *Genèse* par Thomas d'Aquin

Arrêtons nous maintenant sur les commentaires que Thomas d'Aquin (1225-1274) fit de la *Genèse* dans la *Somme théologique* (vers 1266-1273). Il est écrit aux premières lignes de la *Genèse* : « *Au commencement, Dieu créa le ciel et la terre. Or la terre était un chaos, et il y avait des ténèbres au-dessus de l'Abîme, et l'esprit de Dieu planait au-dessus des eaux* »[4], Dieu fit la lumière, vit qu'elle était bonne, la sépara des ténèbres, alors Dieu appela la lumière, jour et les ténèbres, nuit. Ainsi y eut-il un soir et un matin ; c'est-à-dire un premier jour. A propos

---

1 *ib.*, p. 489.
2 *ib.*, p. 491.
3 Augustin, *Les Confessions*, édité par Lucien Jerphagnon, Paris Gallimard, La Pléiade, 1998 ; livre XI, XII, 14.
4 *La Bible d'Emile Osty*, Paris, Seuil, 1973 ; p. 35.

de l'œuvre du premier jour, Thomas d'Aquin pose quatre questions sur le sens du mot lumière : « *1. Le mot lumière peut-il être attribué en propre aux réalités spirituelles ? 2. La lumière corporelle est-elle un corps ? 3. Est-elle une qualité ? 4. Est-il convenable que la lumière ait été créée le premier jour ?* »[1] Il n'apporte pas de réponse mais donne des pistes de réflexions qu'il puise chez les philosophes de l'antiquité, les évangélistes et les pères de l'église. Ensuite Dieu fit le deuxième jour : « *Dieu dit : qu'il y ait un firmament entre les eaux et qu'il sépare les eaux d'avec les eaux.* »[2] ainsi le firmament fut-il fait qui sépara les eaux, celles du dessus d'avec celle du dessous, et Dieu appela le firmament « *ciel* », ainsi y eut-il un deuxième jour. Ici aussi Thomas pose quatre questions : « *Le firmament a-t-il été créé le deuxième jour ? Y a-t-il des eaux au-dessus du firmament ? Le firmament divise-t-il les eaux d'avec les eaux ? Y a-t-il un ciel seulement, ou plusieurs ?* » Ici, comme pour le premier jour, Thomas ne donne que des pistes de réflexions selon le sens qu'on accorde aux mots ; le firmament peut être entendu comme le ciel sidéral, qui serait de la nature des quatre éléments ou d'une nature distincte ; il peut être entendu comme la partie de l'air où les nuages se forment. Si par firmament on entend le ciel sidéral alors les eaux supérieures ne sont pas de la même espèce que les eaux inférieures, mais si par firmament, on entend l'air des nuages, alors les deux eaux sont de la même espèce. Thomas soupçonne encore « *que Moïse, parlant à un peuple grossier, et condescendant à son inculture, ne lui présente que des réalités perceptibles avec évidence par les sens. Or tout homme, si simple soit-il, saisit par les sens que l'air et l'eau sont des corps. Mais l'air, lui, n'est pas perçu par*

---

1 Thomas d'Aquin, *« l'œuvre de création »*, introduction et notes par André-Marie Dubarle, in *Somme théologique*, I, Q. 65-74 ; Q. 67, articles 1-4.
2 *ib.*, Q. 68, articles 1-4, pour cette citation et la suivante.

tous comme s'il était un corps ; au point que même certains philosophes dirent que l'air n'est rien, et appelèrent du vide ce que l'air remplit. »[1] On comprend que notre auteur puisse admettre des eaux spécifiquement diverses. S'en suit la question de l'existence d'un seul ciel ou de plusieurs : Thomas relève qu'il est écrit dans la *Genèse*, « *Au commencement Dieu créa le ciel et la terre* », alors que dans le *Psaume 148*, il est dit : « *Louez le, cieux des cieux !* » Thomas considère que l'une ou l'autre expression a sa raison d'être, ainsi « *S. Jean Chrysostome désigne comme un seul ciel la totalité des corps qui est au-dessus de la terre et de l'eau ; c'est même pour cette raison que les oiseaux qui volent dans l'air sont appelés oiseaux du ciel. Cependant dans ce corps il y a beaucoup de distinctions, et c'est pour cela que S. Basile suppose qu'il y a plusieurs ciels.* »[2] Thomas relève que le mot ciel peut être employé « *pour ce qui participe de certaines propriétés des corps célestes à savoir l'altitude et la luminosité, en acte ou en puissance. Et selon cette acceptation, de tout cet espace qui va des eaux jusqu'à l'orbe de la lune, S. Jean Damascène fait un ciel unique qu'il appelle ciel de l'air. En ce sens, il y aurait donc selon lui trois ciels : le ciel de l'air, le ciel des étoiles et un autre ciel supérieur ; ce dernier étant à entendre de celui dont on lit que l'Apôtre fut ravi jusqu'au troisième ciel.* » Ainsi « *la terre se rapporte au ciel comme le centre à la circonférence. Or, par rapport à un seul centre il peut y avoir plusieurs circonférences. Ainsi, pour une seule terre, suppose-t-on plusieurs ciels.* »

Le troisième jour, Dieu rassembla les eaux afin qu'apparaissent ce qui est sec, qu'il appela la terre et un amas des eaux qu'il appela la mer ; pour commenter ce passage, Thomas, selon son habitude, cite différents auteurs : « *Selon S. Augustin, la terre dont il était d'abord*

---

1 *ib.*, Q. 68, article 3.
2 *ib.*, Q 68, article 4

fait mention [dans l'œuvre du premier jour] est à entendre de la matière première ; ici il est question de l'élément terre lui-même. – Une autre interprétation est proposée par S. Basile : la terre était d'abord nommée du point de vue de sa nature ; maintenant elle l'est à partir de sa propriété principale, la sécheresse ; d'où vient qu'il est dit : Et il appela terre, l'élément sec – Autre interprétation encore, avec le rabbin Maïmonide : partout où est employée l'expression il appela, se trouve signalé un emploi équivoque des mots. Ainsi est-il en premier lieu : Il appela la lumière jour, parce que jour signifie encore un espace de vingt-quatre heures, au sujet duquel il est dit au même endroit : Et il y eut un soir et il y eut un matin, un jour. Pareillement on doit dire que le firmament, c'est-à-dire l'air, il l'appela ciel, le mot ciel désignant aussi ce qui fut d'abord créé. De même encore on lit le sec, c'est-à-dire cette partie qui a été découverte par les eaux, il l'appela terre, en ce sens que la distinction se fait par opposition à la mer ; bien que le nom commun de terre serve à la désigner, qu'elle soit ou non couverte par les eaux. D'autre part, on voit que partout où il est dit il appela, cela signifie : Il donna la nature ou la propriété de pouvoir être appelé ainsi. »[1] Dans ce même jour, Dieu dit que la terre produise des herbes portant semences et des arbres portant leurs fruits qui ont leurs semences en eux. Thomas rapporte que, selon S. Basile et S. Ambroise, les plantes ont été produites en actes, dans leurs espèces en ce troisième jour ; alors qu'Augustin au contraire affirme que ces paroles veulent dire que la terre a reçu la capacité de produire l'herbe et les arbres ; Thomas, quant à lui, pense qu'en ce jour leur vie est restée cachée.

Le quatrième jour, comme pour chacun des jours, Thomas commence par présenter une série d'objections sur le texte de la *Genèse*, c'est sur ce jour que ses objections sont les

1 *ib.*, Q 69, article 1, pour cette citation et les deux suivantes.

plus sérieuses. Ce jour, « *Dieu dit : Qu'il y ait des luminaires au firmament du ciel pour séparer le jour de la nuit [...] et pour séparer la lumière des ténèbres.* » Mais Thomas objecte que les luminaires étant par nature des corps incorruptibles, leur matière ne peut exister sans leur forme, or leur matière dans l'œuvre de création fut produite lors du premier jour. Les luminaires sont des foyers de lumière, or la lumière fut faite le premier jour, les luminaires eussent dû être faits ce même jour. Les luminaires furent fixés au firmament, aussi leur production devait donc être située au deuxième jour avec la production du firmament. Le soleil et les autres luminaires sont causes des plantes. Or, dans l'ordre de la nature, la cause précède l'effet. Aussi les luminaires eussent dû être faits au troisième jour ou auparavant. Au dire des astronomes beaucoup d'étoiles sont plus grosses que la lune ; le soleil et la lune ne devaient donc pas être présentés seuls comme les deux grands luminaires. A ces objections, Thomas répond invariablement : « *En sens contraire, l'autorité de l'Ecriture s'impose* »[1], et suivent invariablement les réponses qui ont pu être faites à ces objections par différents pères de l'église, puis les solutions que voit, ou qu'entrevoit, Thomas. Il ajoute qu'Augustin ne trouve aucune difficulté dans le récit de la *Genèse* « *puisqu'il ne suppose pas de succession temporelle entre les œuvres en question.* » Thomas juge que ceux qui supposent que les corps célestes sont de la nature des quatre éléments, peuvent dire qu'ils sont formés, comme les animaux et les plantes d'une matière préexistante. Pour ceux qui supposent que les corps célestes sont d'une autre nature que les quatre éléments et incorruptibles par nature, « *il faut dire que la substance des luminaires fut créée dès le début, mais qu'elle était d'abord informe, et qu'elle a été informée seulement au*

---

1 *ib.*, Q 68, article 4, pour cette citation et les deux suivantes.

moment que nous considérons. »[1] Plus prosaïquement, S. Jean Chrysostome affirme que la raison pour laquelle il n'est pas fait mention de ces corps dès le début, c'est qu'ainsi « *on détournait [...] le peuple de l'idolâtrie, en lui montrant que les luminaires ne sont pas des dieux, du fait même qu'ils n'ont pas existé dès le début.* » Selon Augustin, la lumière dont il est fait mention au premier jour était une lumière spirituelle, ici c'est la lumière corporelle qui est produite. Si l'on entend qu'au premier jour la lumière produite est corporelle, elle le fut selon la nature commune de la lumière et qu'au quatrième jour elle reçut une vertu déterminée pour des effets déterminés, ceux du soleil et de la lune ne sont pas les mêmes. D'après Ptolémée, les luminaires ne sont pas fixés sur les sphères, mais jouissent d'un mouvement distinct de celles-ci. « *Mais pour Aristote, les étoiles sont fixées sur les orbes et ne se meuvent en réalité que du seul mouvement de ceux-ci. Toutefois, les sens perçoivent le mouvement des luminaires, mais non celui des sphères. Et comme Moïse se mettait au niveau du peuple inculte, il s'en tint à ce qui apparaît aux sens.* » Thomas précise que le soleil et la lune furent placés dans la partie inférieure du firmament et les étoiles dans la partie supérieure. Le texte de la *Genèse* dit que « *Dieu plaça [le soleil et la lune] au firmament du ciel pour éclairer la terre, pour présider au jour et à la nuit, et pour séparer la lumière des ténèbres.* »[2] Parmi les objections de Thomas, la distinction des jours a commencé le premier jour, quant aux luminaires, ils sont meilleurs que la terre, ils n'ont donc pas été faits pour l'éclairer. Quant à la lune elle ne préside pas à la nuit quand elle est nouvelle, elle ne peut donc avoir été faite pour cela. Bien sûr, il y a l'autorité de l'*Ecriture* qui oblige à chercher des réponses à ces objections : que rien n'empêche de dire qu'une créature plus digne ait été faite

1 *ib.*, Q 70, article 1, pour cette citation et les deux suivantes.
2 *ib.*, Q 70, article 2, pour cette citation et les deux suivantes.

en vue d'une créature inférieure, considérée en elle-même, mais comme ordonnée à l'intégrité de l'univers. Et aussi : « *Quand la lune est pleine, elle se lève le soir et se couche le matin, et ainsi elle préside à la nuit. Et il est assez probable que la lune fut créée dans sa plénitude.* » Thomas pose alors la question : « *Les luminaires du ciel sont-ils animés ?* »[1] Ce qui nous amène à la cause du mouvement des corps célestes autour de la terre. Thomas constate que sur cette question les philosophes ont eu des opinions diverses, Anaxagore nie qu'ils aient une âme, les platoniciens supposent qu'ils en ont une et « *parmi les docteurs de la foi on rencontre une telle diversité. Origène attribue une âme aux corps célestes. S. Jérôme aussi paraît avoir ce sentiment.* » Quant à Augustin, il laisse la chose dans le doute… Thomas, à la fin des fins, constate que l'âme des corps célestes n'a que la finalité du mouvement, il considère cependant que le soleil, la lune et les autres luminaires sont causes de vie : « *Cela est surtout évident chez les animaux engendrés à partir de la putréfaction, où la vie est reçue par la vertu du soleil et des étoiles.* »

Enfin, les cinquième et sixième jours, Dieu créa les animaux et l'homme…

Notons encore que les commentaires de Thomas font de la fixité des espèces, une évidence. « *Dieu dit : Faisons l'homme à notre image et à notre ressemblance.* » Voilà qui clôt bien le récit de la *Genèse*.

Dans la *Somme théologique*, Thomas pose la question : « *Est-ce un article de foi que le monde ait commencé ?* »[2], pour répondre évidemment oui, n'a-t-il pas revêtu l'habit blanc de saint Dominique ? Nous ne retenons ici que

1 *ib.*, Q 70, article 3, pour cette citation et les deux suivantes.
2 Thomas d'Aquin, *« Le dieu créateur »*, introduction et notes par Jean-Michel Maldamé, in *Somme théologique*, I, Q. 44-64 ; Q. 46, article 2, *Est-ce un article de foi que le monde ait commencé ?*.

quelques-uns de ses arguments : « *Si l'on doit dire nécessairement que le monde a été fait par Dieu, c'est ou bien de rien, ou bien de quelque chose. Mais ce n'est pas de quelque chose, car alors la matière du monde eût précédé le monde, et contre cela sont valables les arguments d'Aristote établissant que le ciel n'a pas été engendré. Il faut donc dire que le monde a été fait de rien. Et ainsi il a l'existence après la non-existence. Il faut donc qu'il ait commencé d'exister. [...] Il est certain que rien ne peut s'égaler à Dieu. Mais si le monde avait toujours existé, il serait égal à Dieu pour la durée. Il est donc certain que le monde n'a pas toujours existé. Si le monde a toujours existé, un nombre infini de jours a précédé celui-ci. Mais on ne peut parcourir l'infini. Donc on ne serait jamais parvenu au jour présent, ce qui est évidemment faux* ».[1]

Le commentaire de la Genèse par Moïse Maïmonide (1135-1204)

Comme nous l'avons vu, Thomas d'Aquin n'a pas ignoré l'œuvre de Maïmonide, un rabbin en terre d'Islam, qui écrivit ses œuvres philosophiques en arabe, la langue de la culture en terre d'Islam, comme le latin l'était dans l'Occident chrétien, et ses œuvres religieuses en hébreu. Celui-ci commente l'œuvre des six jours dans son ouvrage, *Le Guide des Egarés*[2], où il cherche à mettre en accord l'enseignement de la Bible et la philosophie d'Aristote : « *Tout ce qu'Aristote a dit sur tout ce qui*

1 Voir aussi : *Thomas d'Aquin et la controverse sur l'éternité du monde*, Présentations et traduction sous la direction de Cyrille Michon, Paris, GF Flammarion, 2004.

2 Moïse Maïmonide, *Le guide des égarés*, traduit de l'Arabe par Salomon Munk, préface de Claude Birman, suivi du *Traité des huit chapitres*, traduit de l'Arabe par Jules Wolf, préface de Franklin Rausky, Nouvelle édition revue par Charles Mopsik, [Lagrasse], Verdier, 1979.

existe au-dessous de la sphère de la lune, jusqu'au centre de la terre, est indubitablement vrai ; et personne ne saurait s'en écarter, [...]. Mais, à partir de la sphère de la lune et au-dessus, tout ce qu'Aristote en dit ressemble, à peu de chose près, à de simples conjectures : [...] ainsi que quelques-unes de ces opinions métaphysiques qu'il adopte, sans pouvoir les démontrer, mais qui renferment de grandes invraisemblances, des erreurs évidentes et manifestes (répandues) parmi les nations et de mauvaises doctrines qui se sont divulguées. »[1] Parmi ces grandes invraisemblances, Maïmonide voit qu'Aristote ne met pas en balance « *la question de savoir si le ciel est né ou éternel* » alors qu'aucune des deux hypothèses opposées ne saurait être démontrée et que, malgré cela, il opte pour l'éternité du monde. Maïmonide affirme que l'opinion de l'éternité du monde est fort douteuse et qu'en outre : « *elle est très dangereuse pour la croyance qu'il faut professer à l'égard de Dieu ; Ajoutons à cela que la nouveauté (du monde) est l'opinion de notre père Abraham et de Moïse, notre prophète.* » Avouons qu'à cela, il n'y a rien à redire !

A moins d'avoir le mauvais esprit de Voltaire et de Mme du Châtelet, et de quelques autres avec eux. Voici, en peu de mots, ce que Madame du Châtelet pense de la *Genèse* : « *Dieu se détruit lui-même dans l'écriture : il est aveugle lorsqu'il demande à Adam où il est ; il est ridicule, lorsqu'il s'entretient avec le diable sur le chapitre de Job ; il est corporel lorsqu'il a des bras [...] ; il est gausseur lorsqu'il gronde Adam ; il est toujours en querelle avec le diable, qu'il ne sauroit dompter* [...] »[2]

---

1 *ib.*, p. 314, 315, pour cette citation et les deux suivantes.

2 Emilie du Chatelet, *Doutes sur les religions révélées adressées à Voltaire*, ouvrage posthume, Paris 1792 ; p. 26.

Chapitre II

Les commentaires de la Genèse au Grand Siècle

Préambule : *Les essais* de Michel Montaigne

Au chapitre XII du livre II, des *Essais*, Montaigne juge que la connaissance n'est pas nécessaire à la sagesse et au bonheur : « *I'ay veu en mon temps cent artisans, cent laboureurs, plus sages et plus heureux que des recteurs de l'université ; et lesquels i'aimeroy mieulx ressembler.* » C'est à l'occasion de cette réflexion sur le bonheur que Montaigne fait une allusion tant à la mythologie qu'à la *Genèse* : « *La premiere loy que Dieu donna iamais à l'homme, ce feut une loy de pure obeïssance ; ce feut un commandement nud et simple, où l'homme n'eust rien à cognoistre et à causer, d'autant que l'obeïr est le propre office d'une ame raisonnable, recognoissant un celeste superieur et bienfacteur. De l'obeïr est le propre office d'une ame raisonnable, recognoissant un celeste superieur et bienfacteur. De l'obeïr et ceder naist toute aultre vertu ; comme du cuider, tout peché. Et au rebours, la premiere tentation qui veint à l'humaine nature de la part du diable, sa premiere poison, s'insinua en nous par les promesses qu'il nous feit de science et de cognoissance* : « *Vous serez comme des dieux, sachant le bien et le mal » (Genèse, III, 5) : et les sireines, pour piper Ulysse en Homere, et l'attirer en leurs dangereux et ruyneux laqs, luy offrent en don la science. La peste de l'homme, c'est l'opinion de sçavoir : voylà pourquoy l'ignorance nous est tant recommendee par nostre religion, comme piece propre à la creance et à l'obeïssance.* »[1]

Bossuet, Jacques-Bénigne 1627-1704

Dans son ouvrage : « *De la connaissance de Dieu et de soi-même* » écrit en 1670 mais qui ne fut publié qu'en 1722, Bossuet compare Dieu à un architecte et le monde à un palais ; il considère que « *tout est vrai dans les créatures de Dieu parce que tout répond à l'idée de cet Architecte éternel, qui fait tout ce qu'il veut, et comme il veut.*

C'est pourquoi Moïse l'introduit dans le monde qu'il venoit de faire, et il dit qu'après avoir vû son ouvrage, il le trouva bon, c'est-à-dire, qu'il le trouva conforme à son dessein, et il le vit bon, vrai et parfait, où il avoit vû qu'il le falloit faire tel, c'est-à-dire, dans son idée éternelle.

Mais ce Dieu qui avoit fait un ouvrage si bien entendu, et si capable de satisfaire tout ce qui entend, a voulu qu'il y eût parmi ses ouvrages quelque chose qui entendît et son ouvrage et lui-même.

Il a donc fait des natures intelligentes, et je me trouve être de ce nombre. Car j'entens et que je suis et que Dieu est, et que beaucoup d'autres choses sont, et que moi et les autres choses ne serions pas, si Dieu n'avoit voulu que nous fussions.

Dés-là que j'entens les choses comme elles sont, ma pensée leur devient conforme, car je les pense telles qu'elles sont, et elles se trouvent conformes à ma pensée, car elles sont comme je les pense.

---

1 Michel de Montaigne, *Essais*, introduction par Emile Faguet, Paris, Nelson, Editeurs, 1930 ; livre II, chapitre XII, *Apologie de Raimond Sebond*, p. 120, 121.

Voilà donc quelle est ma nature, pouvoir être conforme à tout, c'est-à-dire, pouvoir recevoir l'impression de la verité, en un mot, pouvoir l'entendre.

J'ai trouvé cela en Dieu, car il entend tout - il sait tout- . Les choses sont comme il les voit, mais ce n'est pas comme moi, qui pour bien penser, doit rendre ma pensée conforme aux choses qui sont hors de moi. Dieu ne rend pas sa pensée conforme aux choses qui sont hors de lui : au contraire il rend les choses qui sont hors de lui, conformes à sa pensée éternelle. Enfin, il est la regle, il ne reçoit pas de dehors l'impression de la verité, il est la verité même ; il est la verité qui s'entend parfaitement elle-même.

En cela donc je me reconnois fait à son image, non son image parfaite, car je serois comme lui la verité même, mais fait à son image capable de recevoir l'impression de la verité. »[1]

En 1681, Bossuet publie la première partie du *Discours sur l'histoire universelle*[2], dans cet ouvrage, il considère que les choses humaines ne roulent que sur deux choses, la religion et le gouvernement politique, il est vrai que cet enseignement ne s'adresse qu'à Monseigneur le Dauphin, même si, par ailleurs, il est publié… Bossuet sépare le cours des temps en un petit nombre d'époques. La première partie va de la création du monde à l'établissement de l'empire de Charlemagne, la fondation de Rome vient à la 7e époque, la naissance de Jésus-Christ marque la 10e époque.

« *Il faut d'abord s'attacher à un petit nombre d'Epoques, telles que sont, dans les temps de l'Histoire ancienne,*

---

1 Bossuet, *Introduction à la philosophie ou de la connoissance de Dieu et de soi-mesme*, à Paris, Denis Horthemels, 1722 ; Paris, Fayard, 1990 ; p. 201, 202.

2 Bossuet, *Discours sur l'histoire universelle depuis le commencement du monde jusqu'à l'Empire de Charlemagne*, Paris, Mabre Cramoisy, 1681

Adam, ou la création ; Noé, ou le déluge ; la vocation d'Abraham, ou le commencement de l'alliance de Dieu avec les hommes ; Moïse, ou la loi écrite ; la prise de Troie ; Salomon, ou la fondation du temple ; Romulus, ou Rome bâtie ; Cyrus, ou le peuple de Dieu délivré de la captivité de Babylone ; Scipion, ou Carthage vaincue ; la naissance de Jésus-Christ ; Constantin, ou la paix de l'Eglise ; Charlemagne, ou l'établissement du nouvel Empire. »[1]

Selon Bossuet, Dieu a créé le ciel et la terre en l'an 4004 avant Jésus-Christ, le déluge en 2347 et 2348 avant J.C., soit en 1656, 1657 de l'âge du monde et Moïse reçut les tables de la loi en 1491 av. J.C. soit en 2513 de l'âge du monde. Quant à la guerre de Troie, elle a sa place dans cette histoire ; on y apprend que la cité tomba environ 1164 ans après le déluge et que Rome fut fondée 430 ans environ après la prise de Troie. Ne soyons pas trop sévère pour juger ces propos de Bossuet ; nous le verrons, ceux du grand Newton sont du même genre.

Par ailleurs, Bossuet peut se montrer d'une grande naïveté ; et il est difficile de penser que les propos naïfs de l'auteur reflètent la perception que la société se fait de l'état ecclésiastique après la venue de Jésus-Christ, pense-t-il convaincre son élève : « *Le célibat est montre comme une imitation de la vie des anges uniquement occupée de Dieu et des chastes délices de son amour.* »[2] Veut-il ainsi illustrer cette pensée de l'apôtre : « *Heureux ceux qui ont une âme de pauvre quant à l'esprit...* », *Matthieu* 5,3

Ne le jugeons pas trop mal, Bossuet peut être plus perspicace sur l'état de l'église de son temps : « *Les supérieurs apprennent qu'ils sont serviteurs des autres et dévoués à leur bien ; les inférieurs reconnoissent l'ordre de Dieu dans les puissances légitimes, lors même qu'elles*

---

1 *Ib.*, p. 5.

2 *Ib.*, p. 219, pour cette citation et la suivante.

abusent de leur autorité : cette pensée adoucit les peines de la sujétion, et sous des maîtres fâcheux l'obéissance n'est plus fâcheuse au vrai chrétien. »

N'oublions pas de dire que notre grand homme est contre toute liberté de penser : en 1678, il avait fait détruire toute l'édition d'une *Histoire critique de l'Ancien Testament* de l'oratorien Richard Simon[1].

Fénelon, François de Salignac de la Mothe-Fénelon (1651-1715)

Pas de doute pour l'archevêque de Cambrai (le cygne de Cambrai), le ciel et la terre chantent la gloire de Dieu et le texte de la *Genèse* est à prendre au pied de la lettre ; dans sa *Réfutation du système du père Malebranche*, il écrit : « *Je pourrais montrer [...] que le monde ayant été formé en six jours, selon l'histoire de la Genèse, il ne peut avoir été formé par des volontés générales. Si Dieu s'était contenté de créer la masse de la matière, et de lui imprimer le mouvement avec des lois générales, si le mouvement par les lois générales avait produit tout ce que nous voyons dans la nature, cette formation de l'univers se serait faite sans interruption. Au contraire, Moïse nous représente Dieu qui exécute dans divers temps son ouvrage, qui le suspend d'un jour à l'autre, pour montrer qu'il est le maître de le faire comme il lui plaît. Si Dieu s'était borné aux lois générales du mouvement, en un instant tous les corps de l'univers se seraient mis en mouvement pour tendre chacun vers sa place ; mais la vaste étendue de l'univers aurait rendu cet arrangement impossible en six jours, de plus, il aurait fallu une plus longue succession pour la formation de tous les corps organiques. Mais ces différentes reprises par lesquelles Dieu débrouille ce chaos, font voir qu'il a suspendu son*

---

1 Gustave Lanson, *Histoire de la littérature française* (1894), 14e édition, Paris, Hachette, 1920 ; p. 575.

œuvre contre les lois générales, et qu'il l'a achevé par des volontés particulières ; et en même temps cette promptitude avec laquelle il a été exécuté nonobstant ces interruptions, montre qu'il n'a pas attendu que l'ouvrage s'achevât par une succession régulière fondée sur les lois générales. »[1]

Spinoza, Baruch de (1632-1677)

« *Juif de naissance, & puis deserteur du Judaïsme, & enfin athée, étoit d'Amsterdam. Il a été un athée de systême, & d'une méthode toute nouvelle, quoi que le fond de sa doctrine lui fût commun avec plusieurs autres philosophes anciens : [...] il y a long tems que l'on a cru que tout l'Univers n'est qu'une substance, & que Dieu & le monde ne sont qu'un seul être* »[2] ; c'est ainsi que commence l'article que Pierre Bayle consacre à Spinoza dans son *Dictionnaire historique et critique*. Il précise ailleurs : « *J'attribue à Spinoza d'avoir enseigné, 1. Qu'il n'y a qu'une substance dans l'Univers. 2. Que cette substance est Dieu. 3. Que tous les êtres particuliers, l'étendue corporelle, le soleil, la lune, les plantes, les bêtes, les hommes, leurs mouvements, leurs idées, leurs imaginations, leurs désirs sont des modifications de Dieu.* » Ce propos se résume en une formule : *Deus sive natura*, Dieu c'est-à-dire la nature.

---

1 Fénelon, *Réfutation du système du père Malebranche*, in *Œuvres, II*, édition présentée, établie et annotée par Jacques Le Brun, Paris, Gallimard, la Pléiade, 1997 ; p. 383. [L'ouvrage était écrit en 1688, il est resté inédit jusqu'à l'édition des *Œuvres complètes de Fénelon* en 1850].

2 Bayle, *Dictionnaire historique et critique*, Seconde édition, revuë, corrigée & augmentée par l'Auteur, Rotterdam, Reinier Leers, 1702. 3 volumes, article Spinoza, pour cette citation et la suivante. [*Supplément au dictionnaire historique et critique par Monsieur Bayle*, Genève, chez Fabri & Barrillot, 1722].

Le premier ouvrage de Spinoza - le seul qui fut publié sous son nom de son vivant - fut *Les principes de la philosophie de Descartes*. Cette œuvre est aussi pour lui une arme contre la pensée scolastique qui règne toujours dans l'enseignement.

Le *Tractatus theologico-politicus*[1], paraît anonymement en 1670 chez le libraire Jan Rieuwerts avec un faux lieu d'édition (Hambourg).

Selon Spinoza, Moïse ne peut être l'auteur du Pentateuque ; il appuie son jugement en multipliant les citations qui prouvent « *que ce ne fut pas Moïse qui écrivit le Pentateuque, mais quelque autre qui a vécu longtemps après, et que le livre écrit par Moïse était différent.* »[2] A ce propos, Spinoza note encore « *que la préface même du Deutéronome n'a pu être écrite par Moïse qui n'a pas traversé le Jourdain ; que le livre de Moïse a été transcrit très lisiblement sur le seul pourtour d'un autel unique [...] lequel, d'après la relation des rabbins, ne se composait que de douze pierre ; d'où cette conséquence que le livre de Moïse était d'une étendue beaucoup moindre que le Pentateuque.* » Spinoza note encore que *« dans le Deutéronome [...] il est dit : Et Moïse écrivit la Loi, mots qui ne peuvent être de Moïse, mais d'un autre écrivain racontant les actes et les paroles de Moïse, [...]* ».

Ajoutons que Spinoza aborde l'ancien et le nouveau testament comme n'importe quel autre récit et qu'en ces récits comme en tout autre : « *quand il s'agit d'une chose qui passe la compréhension du narrateur ou de l'auditeur, et au plus haut point quand il a intérêt à ce qu'elle soit arrivée d'une certaine façon. D'où cette conséquence que dans leurs chroniques et leurs histoires les hommes*

---

1 Spinoza, *Traité des autorités théologique et politique*, in *Œuvres complètes*, traduites par Roland Caillois, Madeleine Francès et Robert Misrahi, Paris, Gallimard, Bibliothèque de la Pléiade, 1967 ; p. 597-908.

2 *ib.*, p. 736 et les deux suivantes.

racontent leurs propres opinions plus que les faits réellement arrivés [...] »[1].

Ainsi ne peut-on attendre nulle vérité sur le monde tel qu'il est dans les textes sacrés, Spinoza prend un exemple tiré de la Bible : « *Au temps de Josué, les Hébreux [...] croyaient que le soleil se meut du mouvement appelé diurne, tandis que la terre reste immobile ; à cette opinion préconçue ils adaptèrent le fait miraculeux qui arriva pendant leur combat contre les cinq rois. Ils ne racontèrent pas en effet simplement que le jour avait duré plus que de coutume, mais que le soleil et la lune s'étaient arrêtés, c'est-à-dire que leur mouvement s'était interrompu. Ainsi présentée, l'histoire pouvait leur être très utile, dans ce temps-là, pour convaincre les Gentils qui adoraient le Soleil, et leur prouver par l'expérience même que le Soleil est sous le pouvoir d'une autre divinité qui, d'un geste, l'oblige à changer son cours naturel. A la fois par religion donc et par opinion préconçue, ils conçurent et racontèrent la chose tout autrement qu'elle n'avait pu se passer réellement. Pour interpréter les miracles de l'Ecriture et connaître par les récits qu'elle en donne comment les choses se sont réellement passées, il est donc nécessaire de connaître les opinions des premiers narrateurs et de ceux qui, les premiers, mirent le récit par écrit, puis de distinguer ces opinions de la représentation sensible que purent avoir les témoins des faits rapportés ; sans quoi nous confondrons avec le miracle lui-même, tel qu'il est arrivé, les opinions et les jugements de ceux qui les racontent. Et non seulement pour éviter cette confusion, mais aussi pour ne pas confondre les choses qui sont réellement arrivées avec les choses imaginaires qui ne furent que des visions prophétiques, il nous importe de connaître les opinions du narrateur. Beaucoup de choses sont rapportées comme*

---

1 *ib.*, p. 704-706 et la suivante.

réelles dans l'Ecriture, et étaient même crues réelles, qui n'étaient que des visions et des choses imaginaires : que par exemple Dieu (l'Etre suprême) descendit du ciel (voir Exode, ch. XIX, vers. 18, et Deut., ch. V, vers. 19) et que le mont Sinaï fumait parce que Dieu y était descendu entouré de feu ; qu'Elie monta au ciel dans un char de feu et avec des chevaux de feu ; toutes choses qui ne sont assurément que des visions en rapport avec les opinions de ceux qui nous ont raconté leurs visions comme ils se les ont représentées, c'est-à-dire comme des réalités. Tous ceux en effet qui ont un peu plus de connaissance que la masse savent que Dieu n'a ni droite ni gauche, qu'il ne se meut ni ne reste immobile, qu'il n'est en aucun lieu, mais absolument infini, et que toutes les perfections sont contenues en lui. Ceux-là, dis-je, savent cela qui jugent des choses par les perceptions de l'entendement pur et non suivant la disposition que les sens externes impriment à l'imagination, comme le fait le vulgaire qui forge en conséquence un Dieu corporel, investi du pouvoir royal et dont le trône s'appuie à la voûte du ciel, au-dessus des étoiles, que l'ignorant ne croit pas à une distance extrêmement grande de la terre. »[1]

Voici une approche de l'ancien testament qui laisse à penser que la lecture de la *Bible* n'est pas exempte d'ambiguïté et d'obscurité.

Leibniz et Malebranche critiquent violemment le panthéisme de Spinoza ; alors que Dortous de Mairan, disciple de Malebranche, se convertit au spinozisme ; celui-ci, malgré la diffusion des travaux de Newton, restera cartésien…[2]

---

1 *ib.*, p. 706, 707.
2 Jean-Louis Dumas, *Histoire de la pensée, philosophies et philosophes*, tome 2, *Renaissance et siècle des Lumières*, Tallandier, 1990 ; p. 129-141.

Selon Jean Ehrard : « *Le monisme métaphysique de Spinoza ; transpose dans le domaine des sciences, la nécessité universelle du philosophe hollandais devient un déterminisme expérimental* »[1].

Pierre Bayle, (1647-1706)

Pierre Bayle[2] naît en 1647 au Carla, en Ariège, il est le fils d'un pasteur protestant. Au Carla, dans sa famille, il lit assidûment l'œuvre de Montaigne, étudie le latin et commence l'étude du grec ; il entre au collège de Puylaurens en février 1666, il y restera sept mois ; pour ce faire, il a dû attendre que son frère Jacob soit sur le point d'achever ses études ; comme son père, celui-ci sera lui aussi pasteur[3]. Son frère étant reçu pasteur, Pierre peut, en novembre 1668, retourner à Puylaurens, pour y commencer sa philosophie il a alors 21 ans. Quelques mois plus tard, il est à Toulouse continue ses études de philosophie au collège des jésuites de Toulouse et se convertit à la foi catholique. Le 7 août 1670, Bayle soutient ses thèses de maître ès arts, qui portent sur la logique, la physique, l'éthique et la métaphysique ; deux mois plus tard il revient à la foi réformée, et de ce fait, condamné au bannissement, Bayle part donc pour Genève. Bayle séjournera ensuite à Coppet, puis à Rouen, enfin à Paris, vivant comme précepteur. A Paris, il ne fréquente pas que des protestants mais aussi des catholiques : « *il entretenait en particulier de bonnes relations avec Richard Simon, ce qui n'était guère du goût des pasteurs de Charenton. Bayle croise chez lui l'évêque d'Avranches,*

---

1 Jean Ehrard, *L'idée de nature en France à l'aube des Lumières*, Flammarion, 1970 ; p. 62.

2 Elisabeth Labrousse, *Pierre Bayle*, Nijhoff, La Haye 1963-1964 ; *Conscience et conviction, Etudes sur le XVIIe siècle*, Universitas, Voltaire Foundation, 1996.
p. 706, 707.

3 Hubert Bost, *Pierre Bayle*, Paris, Fayard, 2006.

Pierre-Daniel Huet. »[1] Le 27 août 1675, il quitte Paris pour prendre un poste de professeur de philosophie à l'Académie de Sedan, il a obtenu ce poste avec le soutien de Pierre Jurieu qui l'y accueille chaleureusement. En Juillet 1681, le Collège et l'Académie de Sedan sont fermés par ordre du roi, Bayle et Jurieu quittent Sedan ; Jurieu est à Rouen, Bayle à Paris qu'il quitte au bout d'un mois pour la Hollande, un poste d'enseignant lui est ouvert à Rotterdam. Il y enseignera pendant 25 ans, en latin, il n'apprit jamais le néerlandais. Jurieu qui lui aussi enseignera à Rotterdam fait ses cours soit en français, soit en latin. En 1682, Bayle publie la *Lettre sur la Comète*, l'ouvrage aura une seconde édition en 1683 avec un autre titre *Pensées diverses sur la Comète*[2]. Leur amitié ne résistera pas lorsque Bayle publiera ses autres ouvrages ; en 1686, Bayle publie *De la tolérance, Commentaire philosophique sur ces paroles de Jésus Christ « Contrains-les-d'entrer*[3], l'ouvrage aura une seconde édition 1727.

L'ouvrage ne sera pas du goût de Pierre Jurieu, qui publie en 1706 à Amsterdam, *Le philosophe de Rotterdam, accusé, atteint et convaincu,* une critique très vive contre les travaux de Pierre Bayle et en ricochet une critique très vive de Spinoza. Auparavant, en 1687, Jurieu s'était fait connaître en publiant *Des droits des deux souverains en matière de religion.* En mai 1693, Bayle est révoqué de ses charges d'enseignement ; heureusement son ami, l'éditeur Reiner Leers lui offre une pension afin qu'il

1 *ib.*, p. 102.
2 Pierre Bayle, *Pensées diverses sur la Comète*, 1682, remaniée et publiée en 1694 ; présentation de Joyce et Hubert Bost, Paris, Garnier Flammarion, 2007 ; *Continuation des pensées sur la comète*, 1704.
3 Pierre Bayle, *De la tolérance, Commentaire philosophique sur ces paroles de Jésus Christ « Contrains-les-d'entrer »*, 1686, 2de édition 1727, 3e édition 1737 ; préface et commentaires de Jean-Michel Gros, Presses Pocket, 1992 ; p. 102.

puisse se consacrer à un projet qu'il nourrit depuis un an, la rédaction de son *Dictionnaire historique et critique*. La première édition paraît en octobre 1696, la seconde édition, en 1702[1].

Arrêtons-nous à l'article « *Spinoza* » au tome 2 de l'ouvrage et sur sa critique du Dieu de Spinoza. « *J'attribue à Spinoza d'avoir enseigné, 1. qu'il n'y a qu'une substance dans l'univers. 2. que cette substance est Dieu. 3. que tous les êtres particuliers, l'étendue corporelle, le soleil, la lune, les planètes, les bêtes, les hommes, leurs mouvements, leurs idées, leurs imaginations, leurs désirs sont des modifications de Dieu.* »[2]

« *Je me suis borné à combattre ce qu'il établit nettement & précisément comme son premier principe, savoir que Dieu est la seule substance qu'il y ait dans l'Univers, & que les autres êtres ne sont que des modifications de cette substance.* »[3]

« *J'ai attaqué la supposition que l'étendue n'est pas un être composé, mais une substance unique en nombre ; & je l'ai attaquée plutôt qu'aucun autre endroit du systême, parce que je savais que les Spinozistes témoignent que ce n'est point là en quoi consistent les difficultés. Ils croient qu'on les embarasse beaucoup plus, lors qu'on leur demande comment la pensée et l'étendue se peuvent unir dans une même substance.* »[4]

Bayle commente abondamment le texte de la *Genèse* dans les articles « *Adam* », « Eve », « *Abel* » et « *Caïn* ».

Voici comment Bayle introduit la *Genèse* dans son article sur la vie d'Adam : « *Adam, tige & pere de tout le genre humain, fut produit immediatement de Dieu le sixieme*

---

1 Pierre Bayle, *Dictionnaire historique et critique*, *op. cit.*.

2 *ib.*, p. 2785, note 2.

3 *ib.*, p. 2786, 2788

4 *ib.*, p. 2788, note AA.

jour de la creation. Son corps aiant été formé de la poudre de la terre, Dieu lui soufla aux narines respiration de vie, c'est-à-dire qu'il l'anima, & qu'il en fit ce composé qu'on apelle homme, qui comprend un corps organisé, & une ame raisonnable. Le même Dieu qui avoit produit Adam, le plaça dans un beau jardin, & pour le mettre en état d'imposer un nom aux animaux, il les fit venir vers lui ; puis il fit tomber sur lui un profond sommeil, & lui ôta une côte de laquelle il forma une femme. Adam reconut que cette femme étoit os de ses os & chair de sa chair, & vêcut avec elle sans qu'il eussent honte de se voir nuds. Il y avoit dans le jardin un arbre dont Dieu leur avoit defendu de manger à peine de la vie. Cependant la femme seduite par un serpent ne laissa pas d'en manger, & de persuader à Adam d'en manger aussi. Dès lors ils s'aperçurent qu'ils étoient nuds, & se firent des ceintures avec des feuilles de figuier cousuës ensemble. Dieu vint leur prononcer la peine dont il vouloit punir leur crime, les chassa du jardin, & leur fit des habits de peau. Adam donna le nom d'Eve à la femme, & consomma son mariage. Il devint pere de Caïn & Abel, & puis de Seth, & de plusieurs fils & filles dont on ne sait pas le nom, & il mourut à l'âge de 930 ans. Voilà tout ce que nous savons de certain sur son chapitre. Une infinité d'autres choses que l'on a dites de lui sont ou très-fausses, ou très-incertaines ; il est vrai qu'on peut juger de quelques-unes qu'elles ne sont point contraires à l'analogie de la foi, ni à la probabilité. Je mets en ce dernier rang ce que l'on dit de sa vaste science : nous ne lisons rien dans la Genese qui ne soit moins propre à nous donner cette idée, qu'à nous en éloigner ; neanmoins il pourroit qu'Adam sortit des mains de son Createur avec les sciences infuses, & qu'il ne les perdit point par son peché ; non plus que les mauvais Anges ne sont pas devenus moins savans depuis leur chute, & que les crimes des gens doctes ne leur font pas perdre les sciences qu'ils possedoient. »[1]

Les très longues notes de cet article abordent quelques-uns des commentaires qui ont pu être faits par différents auteurs sur Adam et sur la *Genèse* : « *Un auteur moderne voulant montrer aux Catholiques Romains qu'ils ont tort de se croire plus habiles que les Protestans, leur reproche entre autres bevuës celle d'un Predicateur, qui dit qu'Adam avoit été formé de l'une des côtes d'Eve. [...] Son sermon a été imprimé à Vienne en Autriche l'an 1654 avec l'aprobation du Sous-Doien des Professeurs de Theologie, qui étoit alors le Pere Leonard Bachin Jesuïte. Cet Aprobateur declare qu'il a lu le livre & qu'il n'y a rien trouvé contre la foi, ni contre les bonnes mœurs. Preuve du peu d'attention avec quoi les Censeurs des livres examinent certains manuscrits.* »[2]

D'autres notes ironisent sur les bêtises qui n'épargnent pas les textes supposés révélés : « *Qu'il [Adam] ait été creé avec les deux sexes. Un grand nombre de Rabins ont cru que le corps d'Adam fut creé double, mâle d'un côté, femelle de l'autre ; & que l'un des corps étoit joint à l'autre par les épaules ; les têtes regardoient des lieux directement oposez, comme les têtes de Janus. Or ils prétendent que Dieu quand il fit Eve, n'eut besoin d'autre chose que de diviser ce corps en deux : celui où étoit le sexe masculin fut Adam ; celui où étoit le sexe féminin fut Eve. Manasse Ben-Israël le plus habile Rabin qui ait vécu dans le XVII. Siecle, a soutenu ce bisarre sentiment. Le docte Maimonides, l'honneur & la gloire de la nation Judaïque, l'avoit dejà soutenu. [...] L'auteur d'un livre intitulé LE NOUVEAU VISIONNAIRE DE ROTTERDAM [il fut imprimé l'an 1686], assure que selon les Rabins Adam & Eve avant leur peché étoient tous deux*

1 *ib.*, tome 1, p. 74, 75.
2 *ib.*, note B.

hermaphrodites. Je ne sache que lui qui attribuë cette opinion aux Rabins »[1]. Dans une note du même article Bayle nous fait mieux découvrir « *l'étenduë des égaremens dont nôtre esprit est capable.* » : dans la préface d'un ouvrage intitulé « *Le nouveau ciel & la nouvelle terre* », imprimé à Amsterdam en 1679, écrit par Antoinette Bourignon : « *[celle-ci] prétend qu'avant qu'il [le premier homme] pechât il avoit en soi les principes des deux sexes, & la vertu de produire son semblable sans le concours d'une femme : & que le besoin que chaque sexe a presentement de s'unir à l'autre pour la multiplication, est une suite des changemens que le peché fit au corps humain. [...] Le premier homme qu'Adam produisit par lui seul en son estat glorieux, fut choisi de Dieu pour estre le Trône de la Divinité, l'organe & l'instrument par lequel Dieu vouloit se communiquer éternellement avec les hommes. C'est là JESUS-CHRIST, le premier né uni à la nature humaine, Dieu & homme tout ensemble.* »[2] Bayle suggère-t-il de considérer le texte de la *Genèse* comme l'un de ces égarements ?

Un article sur Moïse nous eut renseigné sur ce que pense Bayle des premiers jours de la création, force est de constater que celui-ci a été oublié…

Pierre Jurieu publie, à Amsterdam, en 1706, *Le philosophe de Rotterdam accusé, atteint et convaincu*[3], l'ouvrage fait, nous l'avons déjà écrit, une critique très vive des œuvres de Pierre Bayle. Dans cet ouvrage, Jurieu veut démontrer l'athéisme de Bayle, une telle accusation à Rotterdam, comme partout en Europe, peut, en ces temps

---

1 *ib.*, note F.

2 *ib.*, note G.

3 Pierre Jurieu, *Des droits des deux souverains en matière de religion*, Rotterdam 1687 ; *Des droits des deux souverains en matière de religion. Le philosophe de Rotterdam,* texte revu par Barbara de Negroni, Paris, Fayard, coll. Corpus, 1997.

de guerre de religion, mettre ses jours en danger : « *Tous ceux qui font profession de croire un Dieu, et qui ont une religion, sont interessés à faire connoître l'auteur du Dictionnaire Critique et Historique : parce que ce qu'on lui a reproché depuis peu est certain. C'est qu'il a renversé toutes les Religions et les a rasées rés pieds rés terre ; il y a déjà longtemps qu'il a commencé cet Ouvrage : Mais il avance à la faveur de l'impunité, et de je ne sai combien de flatteurs, qui portent son savoir au-de-là de celui des plus grands hommes de la republique des Lettres.* »[1] Jurieu a le dessein de prouver l'athéisme de Bayle. Celui-ci ne veut-il pas prouver « *que les idées que le Christianisme donne de la divinité, la font injuste, cruelle, sans sagesse, et sans bonté. C'est un Dieu qui a créé un monde plein de crimes et de miseres, au lieu que s'il étoit bon et sage, il auroit fait un monde pur, où toutes les créatures intelligentes seroient saintes et heureuses. Il ne leur auroit pas donné une liberté, dont il savoit bien qu'elles abuseroient pour se perdre : que le Christianisme fait Dieu cause de tous les crimes, et qu'il n'y a pas de systeme adopté par aucune des sectes de Chrétiens qui ne fasse Dieu auteur du peché : c'est-à-dire qu'on en peut tirer infailliblement cette horrible conséquence ; que le Dieu des Chrétiens fait comme une mere qui mettroit ses filles en lieu et en situation d'être necessairement corrompues par des hommes debauchés, et qui les puniroit ensuite pour s'être laissé seduire : que les peines éternelles, ausquelles le Dieu des Chrétiens soumet les miserables qu'il a laissé tomber dans le crime, sont incompatibles avec sa bonté et sa charité.* »[2] De cela, Jurieu déduit que Bayle veut « *rendre Dieu incroyable, aussi-bien qu'inconcevable.* »[3] Jurieu ajoute à cela que Bayle « *redit cent et cent fois, qu'il n'y a aucun moyen de*

---

1 *ib.*, p.159.
2 *ib.*, p. 163
3 *ib.*, p. 167, pour cette citation et la suivante

répondre à ces objections de la raison et de la bonne philosophie. » Il s'ensuit que si l'on n'affirme pas la supériorité de la foi sur la raison, celle-ci conduit à l'athéisme ; et Jurieu veut convaincre ses lecteurs que Bayle est, bien évidemment athée : « *Il est donc clair que ces petits mots pour la superiorité de la foy sur la raison, ne sont que des retranchemens qu'il s'est préparé pour se mettre à couvert des peines qui tombent sur les Athées.* »[1]

R. P. Richard Simon, l'*Histoire critique du vieux testament*

Richard Simon est né à Dieppe en 1638, il rentre chez les oratoriens en 1662. Quittant cet ordre, il devient le curé d'une petite église de la campagne normande ; il meurt en 1712. Il publie en 1678, une première édition de l'*Histoire critique du vieux testament* ; l'ouvrage fut saisi sur ordre de Louis XIV, à la sollicitation de Bossuet[2] ; une mauvaise réédition fut diffusée par Elzevier la même année. Une seconde édition, revue et augmentée fut publiée en 1685, c'est cette édition qui est examinée ici.

Dans cette *Histoire critique du vieux Testament*, le Révérend Père Richard Simon a « *marqué les diverses révolutions du Texte Hébreu de la Bible depuis Moyse jusqu'à nôtre temps* »[3]. Il explique les différents états du texte, par le fait qu'ils ont été recueillis en différents temps et différents lieux par différents écrivains publics ou prophètes, « *y ajoûtant ou diminuant ce qu'ils jugeoint à propos* », mais, affirme-t-il l'autorité de ces textes ne

---

1 *ib.*, p. 168.

2 Bossuet, *Défense de la tradition et des Saints Pères*, restée inachevée et publiées seulement en 1743 et en 1763 : 2 volumes, Paris chez Jean Thomas Herissant & les frères Estienne, 1763.

3 Richard Simon, *Histoire critique du vieux Testament* ; édition originale, préface non paginée. Les citations qui suivent sont tirées de cette préface. [Cette édition n'est pas celle que Reinier Leers a publiée à Rotterdam en 1685].

peut être diminuée, « *puisque les Auteurs de ces Additions ou Changemens ont été de veritables Prophetes dirigez par l'Esprit de Dieu.* »

Notre auteur répond aux objections qu'on fait communément pour montrer que Moïse n'est pas l'auteur du *Pentateuque*, dont la *Genèse* est le premier des cinq livres, parce qu'on y parle de Moïse à la troisième personne : « *Les Scribes ou Ecrivains publics qui êtoient de son temps & qui ont dêcrit ces anciens Actes, ont parlé de Moyse en troisième personne, & ont employé plusieurs autres expressions semblables qui peuvent à la verité n'être pas de Moyse ; mais qui n'en ont pas pour cela moins d'autorité, parce qu'elles ne peuvent être attribuées qu'à des personnes ausquelles Moyse avoit ordonné de mettre par êcrit les actions les plus importantes de son temps.* » Ainsi, à cause de quelques changements et additions, l'autorité du *Pentateuque* ne peut être mise en doute, pour cela, Richard Simon s'en prend à Spinoza et à quelques autres qui, comme lui, ont fait paraître leur malice « *en tâchant de décrier l'autorité du Pentateuque.* »

On comprend que l'analyse critique du *Pentateuque* telle que l'a faite notre auteur puisse semer le doute sur les vérités que ce texte prétend porter dans les esprits des fidèles, qu'ils soient catholiques ou protestants, aussi comprend-t-on qu'elle ait dérangé des ecclésiastiques, comme le très pieux évêque de Meaux.

Bien que le fait soit très anecdotique, compte tenu le sujet de notre étude, rapportons une critique faite par Bayle de l'article *David* du *Dictionnaire de la Bible* composé par Richard Simon et imprimé à Lyon en 1693. Dans l'article « *David* » du *Dictionnaire historique et critique*, Bayle écrit : « *Il n'est point vrai que David soit venu au monde 110 ans avant la naissance de Jesus-Christ : il y a plus de mille ans entre la naissance de l'un & la naissance de l'autre. L'auteur s'efforce d'ôter la difficulté qui saute aux yeux de tous les lecteurs, quand ils considerent que Saul ne connoît point David le jour que Golath fut tué ; il s'efforce, dis-je, de la lever, & il s'y embrouille plus qu'il ne faudroit ; car il dit en un endroit que David âgé de 17 ans alla joüer de la harpe auprès de Saul, & en un autre il ne lui donne que 14 ou 15 ans, & la taille d'un fort petit garçon.* » (art. *David*)

Descartes et la fable de la formation du monde

Selon Descartes, nous connaissons clairement et distinctement que la nature d'un corps « *consiste en cela seul qu'il est une substance qui a de l'extension* »[1] « *en longueur, largeur et profondeur* », « *qu'il ne peut y avoir d'atomes ou petits corps indivisibles, car il n'est pas possible que Dieu ait ainsi diminué sa toute-puissance* » et « *que toute les variétés qui sont en la matière dépendent du mouvement des parties.* »

Que le mouvement d'une partie se fait en ce qu'elle cède sa place à une autre et prend celle d'une autre et qu'« *ainsi dans l'Univers, en chaque mouvement, il doit y avoir un cercle ou anneau qui se meuvent ensemble* ».

Que Dieu est immuable et non versatile, Descartes en déduit qu'il « *a créé la matière avec le mouvement et le repos et qu'il conserve maintenant en l'Univers par son concours ordinaire, autant de mouvement et de repos qu'il en a mis en le créant.* »

Ainsi les lois de la nature - « *chaque chose demeure en l'état qu'elle est, pendant que rien ne la change* », « *tout corps qui se meut tend à continuer son mouvement en ligne droite* » et la quantité du mouvement, qui est « *l'extension et la vitesse prises ensemble* », se conserve

1 Descartes, *Principe de philosophie*, 1647, II, p. 4, 20, 23, 33, 36, 37, 39, pour les passages cités.

lors du choc de deux corps – procèdent de l'acte permanent du Créateur et de son immuabilité.

Ainsi le monde est-il conçu comme une immense horloge où toute action s'interprète mécaniquement.

Descartes imagine qu'à l'origine, mise en mouvement désordonné par Dieu, la matière homogène du chaos s'est fragmentée en corps ayant à peu près la même taille. Ensuite l'érosion de ces corps produit des raclures extrêmement ténues qui sont la matière d'un premier élément, des corpuscules ronds, matière d'un second élément. Les raclures du premier élément se glissent en tous les interstices des corpuscules de sorte qu'il n'y a jamais d'étendue sans matière. Ces deux éléments constituent la substance fluide du ciel, du Soleil et des étoiles. La matière grossière d'un troisième élément entre dans la composition des taches solaires et des planètes ; cette matière est faite de grosses particules peu mobiles, ayant les formes les plus diverses ; certaines de ces particules ont été formées peu à peu par des particules du premier élément qui, immobilisées, se soudent les unes aux autres par leurs cannelures.

Descartes propose ainsi une formation du Soleil et des étoiles, de la Terre et des planètes, des comètes qui ne doit rien au récit de la *Genèse* mais qui ne dépend que d'une impulsion initiale de Dieu ; mais selon Descartes, il n'eut pas été conforme à la perfection divine que le monde restât si longtemps dans cet état d'imperfection qu'est le chaos originel aussi « *le monde [a-t-il] été créé au commencement avec autant de perfection qu'il en a* » ; cela signifie-t-il que la fable de Descartes soit inutile, assurément non, celle-ci nous aide à comprendre les lois qui régissent le monde. Aussi Descartes affirme-t-il que la formation de l'Univers s'accorde avec le récit de la création du monde selon la *Bible*, le récit de la *Genèse*.

Dans l'espace plein imaginé par Descartes, les seuls mouvements qui puissent perdurer sont circulaires, le monde est formé de tourbillons contigus. Le système solaire est l'un de ces tourbillons : le Soleil occupe le centre du tourbillon du ciel qui emporte les planètes. Mais parce qu'il est écrit dans la *Bible* (*Josué*) que Dieu arrêta le Soleil, Descartes invoque une certaine façon de relativité du mouvement et considère que la Terre se repose en son ciel, mais ne laisse pas d'être transportée par lui : « [...] *la Terre repose en son ciel* [son tourbillon] » tout en étant transportée par lui ; ainsi Descartes affirme à la fois l'immobilité de la Terre, conformément aux *Ecritures*, et un système qui doit plus à Copernic qu'à Tycho Brahe ou à Ptolémée.

Newton, grand savant & chrétien unitariste

Les œuvres de Newton publiées de son vivant sont des œuvres scientifiques : les *Principes mathématiques de la philosophie naturelle* paraissent en 1687 et l'*Optique* en 1703, sauf un de ses abondants travaux sur la religion qui parut l'année de sa mort, en 1727. [*Abrégé de la chronologie des anciens royaumes*].

Dans les *Principia*, Newton introduit l'action à distance au grand dam des cartésiens qui y voient un retour aux qualités occultes des magiciens et jeteurs de sorts.

Mais, chez Newton, l'action à distance n'est pas une propriété de la matière, elle est due au concours de Dieu qui agit instantanément sur toute chose par l'entremise de l'espace, qui est – en quelque sorte – son organe des sens, le *sensorium dei*, lequel agit constamment sur la création. Mais les moyens de calcul de l'époque ne permettent pas de rendre compte de la stabilité du système solaire, aussi Newton croit-il qu'il arrive que Dieu répare son ouvrage, que le système solaire se dérègle, que Dieu a besoin de temps en temps de remonter sa montre. Leibniz se récria que le Dieu de Newton est un bien piètre horloger !

Dans les dernières pages des *Principia* et de l'*Optique*, Newton démontre l'existence de Dieu, le dieu des philosophes et des savants, mais aussi le Dieu de l'*Ancien Testament*, Newton est unitarien ; pour lui le culte de la Trinité, d'un Dieu en trois personnes : le père, le fils (Jésus) et le Saint Esprit est un retour au polythéisme, une corruption du christianisme.

« *Cet admirable arrangement du Soleil, des planètes & des comètes, ne peut être que l'ouvrage d'un être tout-puissant & intelligent. Et si chaque etoile fixe est le centre d'un sistême semblable au nôtre, il est certain, que tout portant l'empreinte d'un même dessein, tout doit être soumis à un seul & même Etre : car la lumiere que le Soleil & les etoiles fixes se renvoyent mutuellement est de même nature. De plus, on voit que celui qui a arrangé cet Univers, a mis les etoiles fixes à une distance immense les une des autres, de peur que ces globes ne tombassent les uns sur les autres par la force de leur gravité.*

Cet Etre infini gouverne tout, non comme l'ame du monde, mais comme le Seigneur de toutes choses… »[1]

Newton a cherché à déterminer l'âge du monde, la question était à l'ordre du jour en son temps, mais seule la *Bible*, semble-t-il, pouvait permettre de trouver la réponse.

L'archevêque James Ussher, en 1650, dans *The Annals of the World*, fait remonter la *Genèse* au 22 octobre 4004 av. J.-C. à 9h du soir, en 1596, Kepler l'estimait à 3761 av. J.-C. ; ceux-ci fondent leur estimation sur une lecture littérale de la *Bible*. Quant à Newton il fixe à 3998 ans av.

---

1 Isaac Newton, *Principes mathématiques de la philosophie naturelle*, Traduction de la Marquise du Chastellet augmentée des Commentaires de Clairaut, 2 tomes, Paris chez Desaint & Saillant, et Lambert, 1756. fac-similé Paris, Albert Blanchard, 1966 ; tome 2, p. 175.

J.-C la naissance du monde en s'appuyant à la fois sur la précession des équinoxes pour caler l'âge des évènements de la *Bible* avec des observations babyloniennes ou des légendes grecques.

Les protestants aux 17e et 18e siècles estiment que le monde a près de 6000 ans, cette estimation est fondée sur l'énumération des générations depuis Adam. Quoi qu'il en soit, la chronologie d'Ussher fait autorité jusqu'au début du XXe siècle. [L'estimation scientifique actuelle est de 4,54 milliards d'années].

Leibniz, Gottfried Wilhelm (1646-1716) a publié les *Essais de théodicée, Sur la bonté de Dieu, la liberté de l'homme et l'origine du mal*[1] à Amsterdam, chez Isaac Troyel en 1710.

Leibniz ne doute pas un instant que Dieu est la première raison de toutes choses, et que parmi tous les mondes possibles, il a choisi le meilleur. En effet, selon notre auteur, Dieu, « *sagesse suprême, jointe à une bonté qui n'est pas moins infinie qu'elle, n'a pu manquer de choisir le meilleur.* »[2]

Leibniz imagine la formation du monde : « *Nous ne connaissons presque que la superficie de notre globe, nous ne pénétrons guère dans son intérieur au-delà de quelques centaines de toises : ce que nous trouvons dans cette écorce du globe paraît l'effet de quelques grands bouleversements. Il semble que ce globe a été un jour en feu, et que les rochers qui font la base de cette écorce de la terre sont des scories restées d'une grande fusion : on trouve dans leurs entrailles des productions de métaux et*

1 Leibniz, *Discours de métaphysique, Essais de théodicée, Monadologie,* présentation par Roger-Pol Droit, Paris, Flammarion, 2008. Les *Essais de théodicée, Notes et bibliographie par Jacques Brunschwig.*
2 *ib.*, p. 224.

de minéraux qui ressemblent fort à celles qui viennent de nos fourneaux : et la mer toute entière peut être une espèce [d'huile obtenue par décantation], comme l'huile de tartre se fait dans un lieu humide. Car lorsque la surface de la terre s'était refroidie après le grand incendie, l'humidité que le feu avait poussée dans l'air est retombée sur la terre, en a lavé la surface, et a dissous et imbibé le sel fixe resté dans les cendres, et a rempli enfin cette grande cavité de la surface de notre globe pour faire l'Océan plein d'eau salée ?

Mais après le feu, il faut juger que la terre et l'eau n'ont pas moins fait de ravages. Peut-être que la croûte formée par le refroidissement, qui avait sous elle de grandes cavités, est tombée, de sorte que nous n'habitons que sur des ruines, [...] et plusieurs déluges et inondations ont laissé des sédiments, dont on trouve des traces et des restes, qui font voir que la mer a été dans les lieux qui en sont les plus éloignés aujourd'hui. Mais ces bouleversements ont enfin cessé, et le globe a pris la forme que nous lui voyons. Moïse insinue ces grands changements en peu de mots : la séparation de la lumière et des ténèbres indique la fusion causée par le feu ; et la séparation de l'humide et du sec marque les effets des inondations. Mais qui ne voit que ces désordres ont servi à mener les choses au point où elles se trouvent présentement, que nous leur devons nos richesses et nos commodités, et que c'est par leur moyen que ce globe est devenu propre à être cultivé par nos soins ? Ces désordres sont allés dans l'ordre. Les désordres, vrais ou apparents, que nous voyons de loin, sont les taches du soleil et des comètes : mais nous ne savons pas les usages qu'elles apportent, ni ce qu'il y a de réglé. »[1]

---

1 *ib.*, p. 453, 454.

Ainsi Dieu fit-il le monde selon Leibniz, mais juste après le tohu-bohu initial, le scénario de la création n'a pas grand-chose à voir avec le texte de la *Genèse*.

Au meilleur des mondes de Leibniz, Bayle réplique – c'est Leibniz lui-même qui le cite : « *Dieu pouvant détourner une infinité de maux par un petit miracle, pourquoi ne l'employait-il pas ? il donne tant de secours extraordinaires aux hommes tombés ; mais un petit secours de cette nature donné à Eve empêchait sa chute, et rendait la tentation du serpent inefficace.* »

Quant à Voltaire[1], le meilleur des mondes de Leibniz fut, comme chacun sait, l'objet de son ironie la plus mordante ; ne l'a-t-il pas rendu célèbre hors du monde des philosophes en en faisant le thème d'un de ses contes *Candide*, dans lequel Pangloss, le précepteur du héros, est la caricature du philosophe.

Dom Calmet Augustin, (1672-1757) le *Commentaire littéral sur la Genèse*, 1711.

Pour Dom Calmet, il ne fait aucun doute que le texte de la *Genèse*, fut écrit par Moïse : « *Le Pentateuque*[2] *est l'ouvrage de Moïse. Il seroit inutile de s'étendre ici à prouver cette vérité, après tant d'excellents traitez que l'on a faits pour la soûtenir. Ceux qui contestent ces livres à Moïse ne sont plus recevables à le venir troubler dans la possession où il s'est maintenu pendant plus de 3000.ans. Il faudroit qu'ils eussent pour cela des preuves démonstratives, que Moïse n'est pas Auteur du Pentateuque ; il faut des raisons d'une entiere évidence pour contrebalancer le poids d'une possession si ancienne, appuyée de l'autorité de Jesus-Christ, des*

---

1 *ib*., p. 456.

2 La première partie de l'ancien testament *Le pentateuque* est une suite de cinq textes : la *Genèse*, l'*Exode*, le *Lévitique*, les *Nombres*, le *Deutéronome*

Apôtres, & soutenuë du consentement unanime des Eglises Juïves & Chrétiennes. »[1]

Dom Calmet entreprend de réfuter les « *nouveaux incrédules* » qui disent qu'il y a dans le *Pentateuque* des choses dont Moïse ne peut être l'auteur, Dom Calmet en convient mais il minimise les modifications apportées au texte : « *Ceux qui ont retouché le Pentateuque y ont fait quelques additions & quelques retranchemens ; il semble qu'en quelques endroits on a voulu abreger la narration, & on remarque que la suite des matières & du discours est quelquefois interrompuë ; on avouë que cela paroît plûtôt un dessein prémédité, qu'un effet du hazard, ou la faute des Copistes* ». Ainsi, en relevant les incohérences du texte, Dom Calmet affiche qu'il ne récuse pas l'authenticité de ce texte ; ainsi, selon lui, la critique de l'œuvre ne suffit pas à en faire une œuvre de fiction.

Qu'on ait ajouté à la fin du *Deutéronome*, le récit de la mort de Moïse, n'est bien sur pas de la main de Moïse, « *mais si quelqu'un eut eû assez de malice pour former le dessein de tromper le public en publiant ses propres ouvrages sous le nom de Moïse, est-il concevable qu'il pût être assez mal-habile pour ne pas apercevoir qu'il agissoit directement contre son propre dessein, en écrivant des choses posterieures au temps de ce Legislateur* ? »

Je ne sais si les arguments de Dom Calmet étaient en son temps suffisants pour convaincre ceux qui ne l'étaient pas déjà. Le zèle manifesté par Dom Calmet pour faire du *Pentateuque* un ouvrage de Moïse laisse à penser qu'en son temps cette croyance n'était peut-être pas universellement partagée en France.

---

1 Augustin Calmet, *Commentaire littéral sur tous les livres de l'ancien et du nouveau testament, la Genèse*, 2e édition, revûë, corrigée, & augmentée, Paris, chez Pierre Emery, 1715, p. 16, 17, pour cette citation et les suivantes.

Voltaire et Mme du Châtelet, dans leurs études sur la *Bible*, se fondent principalement sur les ouvrages de Dom Calmet ; même si, de-ci de-là, le naturel revenant au galop, Voltaire donne un coup de pattes à Dom Calmet, preuve qu'en ce temps-là, il était encore lu. A l'article « *Résurrection* » de son *Dictionnaire philosophique*, il écrit : « *Le profond philosophe dom Calmet trouve dans les vampires une preuve bien plus concluante [de la résurrection]. Il a vu de ces vampires qui sortaient des cimetières pour aller sucer le sang des gens endormis ; il est clair qu'ils ne pouvaient sucer le sang des vivants, s'ils étaient encore morts ; donc ils étaient ressuscités : cela est péremptoire.* »

François Bernier, *Abrégé de la philosophie de Gassendi*, 1678

En exposant la philosophie de Gassendi, François Bernier [1] se montre très fidèle aux œuvres que Gassendi a publiées en latin, et, le plus souvent en fait-il la traduction.

Le premier volume commence par des réflexions « *sur l'espace, le lieu, qui n'est autre chose que l'Espace-mesure qui est appelé Vuide quand il est privé de tout corps, & Lieu quand il est remply* »[2], ces réflexions sont suivies d'autres réflexions « *sur le Temps inseparable du Lieu & de l'Eternité, sur l'Eternité elle-même...* »[3].

Sur le temps de la création du monde, Gassendi se réfère aux anciens, et trouve que Saint Augustin et quelques autres avec lui « *reconnoissent qu'il y a eu un temps, & des siècles avant que le monde fust créé ; quoy qu'on puisse pareillement dire, que lors que ces premiers Peres*

---

1 François Bernier, *Abrégé de la philosophie de Gassendi*, 8 volumes, volumes, Lyon, chez Anisson & Posuel, 1678 ; tome 1 (réédition, chez Arthème Fayard, collection : Corpus, 1992).
2 *ib.*, p. 26.
3 *ib.*, p. 59.

ont dit qu'il n'y avait pas de temps avant la création du Monde, ils n'ont entendu que de cette sorte de temps que Platon, & Aristote décrivent comme quelque chose de dependant du mouvement. »[1]

Gassendi est convaincu que Dieu a créé le monde, « *selon des veües d'une Sagesse infinie, & impenetrable à la foiblesse de l'Esprit humain.* »[2] Quant à l'âge du monde, différents peuples lui attribuent une grande diversité de dates, et aussi une grande ancienneté, Gassendi pense que c'est par orgueil, puisqu'ils s'attribuent la même ancienneté. Aussi, juge-t-il qu'il est heureux que l'âge précis du monde nous ait été donné « *par le divin Moyse* » : « *Ainsi ce n'est pas sans raison que nous nous en tenons au témoignage du divin Moyse, lequel a appris & ecrit la Genese par la révélation de Dieu mesme, & duquel nous tenons que le Monde n'est créé que depuis six mille ans seulement ou environ.* »[3]

Après la question de la création du monde, la question qu'il est légitime de se poser est de savoir si le monde périra. « *Cette question a esté aussi celebre que la precedente & l'on scait que tous ceux qui tenoient que le Monde n'avoit point esté engendré ou qu'il estoit eternel, tenoient aussi qu'il ne periroit jamais ou ne prendroit jamais fin. Aristote estoit tellement persuadé de cette opinion qu'il condamnoit d'impieté ceux qui affirmoient le contraire, comme ne croyants pas que le Soleil, & les autres Astres fussent des Dieux plus parfaits que ceux qui estoient faits de main d'Homme.* »[4]

---

1 *ib.*, p. 33.
2 *ib.*, p. 81.
3 *ib.*, p. 83.
4 *ib.*, p. 84.

Jacques Abbadie, *Traité de la vérité de la religion chrétienne*, 1684

Jacques Abbadie[1], pasteur et théologien français, a fui les persécutions qui, sous Louis XIV, préludèrent la révocation de l'Edit de Nantes, il vécut en Prusse, en Hollande, en Irlande et mourut à Londres. En 1684, il publie en Hollande un *Traité de la vérité de la religion chrétienne*.

Contre les sceptiques, il nous explique avec force détail, que le monde ne peut être le fruit du hasard, et que si le hasard est quelque chose, « *il faut qu'il soit un être créé, & alors il faudra demeurer d'accord qu'il y a un Créateur, comme nous le prétendons ; ou c'est un être incréé, & alors il faudra concevoir le hasard comme une chose distincte de la matière, éternelle, incorruptible, qui est nécessairement & par elle-même ; & par conséquent le hasard sera précisément ce que nous appellons un Dieu.*

Que si le hasard n'est rien ; si c'est un défaut & une privation de cause plutôt qu'une cause véritable & effective, il s'ensuit qu'on nous trompe lorsqu'on nous dit que c'est le hasard qui a produit le monde ; il vaudroit autant dire que rien ne l'a produit, ou que le principe de sa production nous est inconnu. Il est certain, en effet, le hasard n'est, à parler exactement, que notre ignorance, laquelle fait qu'une chose qui a en soi des causes nécessaires & déterminées de son existence, ne nous paroît pas en avoir, & que nous ne saurions dire pourquoi elle est de cette manière plutôt que d'une autre. »[2]

Abbadie reconnaît une durée éternelle en Dieu : « *On ne doit point s'étonner que nous reconnoissions une durée éternelle en Dieu. L'éternité assortit parfaitement bien un Etre infini, qui enferme essentiellement toutes les*

---

1 Jacques Abbadie, *Traité de la vérité de la religion chrétienne*, La Haye, Jean Neaulme, 1684 & Rotterdam, Reinier Leers 1684 & 1701.
2,ib. p. 37, 38.

perfections, & qui est nécessairement & par lui-même ; & concevoir un Dieu qui a commencé d'être, seroit concevoir un Dieu qui n'est pas Dieu ? Mais il n'en est pas de même de la suite des générations, qui, n'étant que des actions ou des mouvemens , ont un rapport naturel au principe qui les produit, & à celui qui les termine. »[1]

Il distingue trois divers temps depuis la création du monde : un temps caché, qui est celui qui s'est passé depuis la naissance du monde jusqu'au déluge, c'est-à-dire le déluge de Noé, un déluge parmi d'autres, lesquels furent nombreux et aucun de ceux-ci ne fut universel, et aucun d'entre eux n'affecta pas sensiblement la multiplication du genre humain. S'il considère qu'il a pu y avoir des calamités qui n'ont pas manqué de survenir de temps en temps dans le monde, des calamités qui firent de nombreuses victimes mais qui n'ont pas empêché la terre de se peupler toujours d'avantage. Il ne pense pas qu'il soit survenu un déluge tel que nous concevons celui de Noé : « *Et n'y ayant point de Providence qui veille à [la] conduite [du genre humain], point d'Arche bâtie par l'ordre du Ciel, point de précaution divine, point de miracle en sa faveur, comme on le veut, comment se sera-t-il conservé dans les horreurs d'un si étrange accident ?* »[2]

Une difficulté se présentait dans le récit de la création, le peuplement de la terre entière, à partir du Moyen-Orient ; Abbadie le résout en affirmant que le nouveau monde, les Amériques ont été peuplées par des groupes humains qui sont passés par les régions circumpolaires. Après le déluge, vient un temps qu'on nomme fabuleux, « *parce que les véritables évènements n'en sont point venus à notre connoissance, & qu'il ne nous est connu que par les fables des Poëtes ; c'est celui qui a coulé depuis le déluge*

---

1 *ib.*, p. 55.
2 *ib.*, p. 66.

jusqu'à la premiere Olympiade ; & un temps qu'on nomme historique, parce que l'Histoire nous en fait connoître les veritables événements, & qui a coulé depuis la premiere Olympiade jusqu'à nous. »[1]

L'auteur critique « *la chronologie des Chaldéens & des Egyptiens, qui attribuoient à leur Nation, une antiquité sans comparaison plus grande que celle que nous attribuons à l'Univers.* » Il fustige « *la vanité que ces peuples avoient de vouloir passer pour les plus anciens qui fussent dans le monde…* »

Selon Jacques Abbadie : « *Il est impossible de supposer un 1er homme, sans voir d'abord qu'il a dû être créé par la puissance & par la sagesse d'un Dieu.*

C'est une pensée si absurde & si chimérique, que de dire avec quelques-uns, que l'homme a été formé du limon de l'Egypte échauffé par les rayons du soleil, ou, avec quelques autres, qu'il est sorti de la mer, qu'elle est à peine digne qu'on s'arrête un moment à la réfuter.

Supposer que les insectes sortent du limon de l'Egypte échauffé par les rayons du Soleil, & qu'ils n'ont point d'autre principe que la chaleur de cet astre & la corruption de cette matière qui en est échauffé. »[2]

Selon l'auteur : « *Il est impossible d'expliquer les moindres des insectes, si l'on a recours à la Sagesse souveraine qui concourt à leur production, & qui fait, par son intelligence infinie, cette surprenante variété de ressorts délicats qui les composent.* »

---

1 *ib.*, p. 62, 63, pour cette citation et la suivante.

2 *ib.*, p. 68, 69, pour cette citation et la suivante.

Pierre Daniel Huet, *Traité de la situation du paradis terrestre*, 1691

Huet, évêque d'Avranches et membre de l'Académie française, publie un traité[1] dans lequel il recherche la situation géographique du paradis terrestre au Moyen Orient. D'entrée, il évoque les propositions les plus improbables : « *On l'a placé dans le troisième ciel, dans le quatrième, dans le ciel de la Lune, dans la Lune mesme, sur une montagne voisine du ciel de la Lune, dans la moyenne region de l'air, hors de la terre, dans un lieu caché & éloigné de la connoissance des hommes.* »[2] Suit une liste non exhaustive où l'on trouve : « *le Pole Arctique* » et la Terre de feu, « *& ce qui passe toutes les bornes de l'impertinence, qui l'ont établi à Hédin, ville d'Artois, fondez sur la conformité de ce nom avec celui d'Eden.* »[3]

Ayant rendu compte de la « *diversité d'opinions sur la situation du Paradis terrestre* », il recherche en quel lieu du Moyen-Orient, peuvent être placés les quatre fleuves qui l'arrosent : « *le Phison qui arrose des terres fertiles et qui charrie de l'or, des perles et des pierres précieuses serait pour certains, le Gange et pour d'autres, le Nil ; le Genon, le Tigre & l'Euphrate.* »

Huet estime que l'on ne peut découvrir la situation du paradis « *que dans les paroles de Moyse* ». Il juge que « *les opinions qu'on a proposées jusques icy, ne s'accommodent pas avec les paroles de Moyse qui la marquent éxactement* ».[4] Il estime que « *[son] opinion est*

1 Pierre Daniel Huet, *Traité de la situation du paradis terrestre*, Paris, Jean Anisson, 1691.
2 *ib.*, p. 5.
3 *ib.*, p. 6.
4 *ib.*, p. 16, 17.

la seule qui s'y accommode »[1] et que seule celle de Calvin et de Scaliger s'approche au plus près de la sienne.

Huet entreprend de répondre à une série de questions : le mot Eden désigne-t-il un lieu ? Les quatre fleuves du Paradis sortent-ils d'une même source et rentrent-ils sous terre pour aller renaître ailleurs.

En s'appuyant sur la description de Moïse, Huet penche pour « *l'opinion qui établit, que le fleuve qui sortoit d'Eden, pour arroser le Paradis & d'Eden est la mieux fondée.* »[2]

Nous ne suivrons pas Huet dans ses élucubrations sur le cours des fleuves du Moyen Orient. Il finit en conjecturant « *la situation du Paradis, par le lieu où s'arresta l'Arche de Noé.* »[3]

Pour finir, Huet affirme que « *la question de la situation du Paradis terrestre ne touche point à la Foy.* » Voilà de quoi rassurer ses lecteurs !

---

1 *ib.*, p. 18.
2 *ib.*, p. 62.
3 *ib.*, p. 218.

Chapitre III

Quelques commentaires de la *Genèse* au Siècle des lumières

Introduction

Il est de coutume chez les historiens de fixer à la mort de Louis XIV, en 1715, la date de naissance du siècle des Lumières. Mais nous contrevenons à la tradition en ouvrant ce chapitre sur les articles sur la *Genèse* d'un dictionnaire en usage de ce temps-là.

Les citations du *Dictionnaire de Furetière*[1], sont empruntées à l'édition de 1690, un ouvrage posthume, préfacé par Pierre Bayle : l'article Création : « *la création du monde est décrite dans la genèse chap 1. Dieu a distingué en six jours son ouvrage de la création. La conservation de la nature est une continuelle création selon les Théologiens* ». Furetière, art. *Création.*

L'article Créateur : « *Créateur, qui au propre ne se dit que de Dieu seul qui a tiré tous les estres du néant, qui est le créateur du ciel et de la terre. Il faut rendre grâce cent fois par jour à son Créateur. L'homme reçoit personnellement son Créateur dans l'Eucharistie…* ».

Et l'article Créature : « *Estre qui a été créé, qui ne s'est point fait luy-même. Toutes les créatures annoncent la gloire du Créateur. Il y a une distance infinie entre le Créateur et la créature* ».

Quant à l'article *Genèse* de l'édition de 1771 du *Dictionnaire de Trévoux*, il est plus explicite, il est vrai que ce dictionnaire est celui des pères Jésuites, « *Genèse :*

1 *Dictionnaire de Furetière,* édition posthume, préface de Pierre Bayle, 1690.

le 1e livre de la Bible, où la création du monde & l'histoire des premiers patriarches sont écrites. [...] L'auteur de ce livre est Moïse. Il comprend l'histoire de 2367 ans, qu'il a depuis le commencement de ce monde jusqu'à la mort de Joseph. »

***L'existence et la sagesse de Dieu manifestées dans les œuvres de la création* par le sieur Rey.**

Le principal but de cet auteur[1] est « *de prouver l'Existence de Dieu, & de faire paraître évidemment la Puissance & la Sagesse que ce grand Dieu a manifestées dans les œuvres de la Création, chose si nécessaire dans un Siècle aussi libertin, & aussi corrompu que le nôtre, & qui devroit être le principal but de la philosophie.* »[2] Le premier chapitre de l'ouvrage s'ouvre sur la citation d'un psaume qui marque l'esprit de l'ouvrage : « *O Eternel, que tes Œuvre sont en grand nombre ! tu les a toute faites avec sagesse.* » (*Psaume* 104, v 24)

Le sieur Rey commence son traité par une attaque du scepticisme en matière de science : « *Je ferai quelques remarques en passant [...] sur les Systtemes dans lesquels on pretend rendre conte de la formation de l'Univers par des Hypotheses mécaniques de la matiere, mise en mouvement par un effet de hazard, ou par quelques loix universelles sans l'entremise d'un agent superieur & immateriel.*

Il n'y a assurement point d'argument plus palpable & plus convainquant de l'Existence d'un Dieu que cet Art admirable, & la sagesse qui se manifestent dans la composition, la constitution, l'ordre & la disposition, les

1 *L'existence et la sagesse de Dieu manifestées dans les œuvres de la création* par le sieur Rey, membre de la Société royale, traduit de l'anglais par G. Broedelet, A. Utrecht, chez Guillaume Broedelet, marchand libraire, 1714.
2 *ib.*, p. 33.

fins & l'usage de toutes les parties & de tous les membres de la fabrique merveilleuse du Ciel & de la Terre. »[1]

Cependant l'auteur ne fait pas le récit de la création mais décrit le monde tel qu'il est, mais sans ménager son émerveillement devant l'œuvre créée. C'est publié en 1714, en France, un ouvrage qui ouvre la voie aux « *théologies physiques* » des Derham, Fabricius, Grew…, etc.[2]

Traité des trois imposteurs [Moïse, Jésus, Mahomet]

L'ouvrage[3], imprimé à Leyde en 1716, n'est sans doute qu'une réédition. Il est anonyme mais beaucoup de contemporains furent persuadés qu'il fut écrit par Spinoza, d'ailleurs des versions plus ou moins fidèles furent publiées avec ces titres : *L'esprit de Spinoza*, *La vie et l'esprit de M. Benoît Spinoza*. Moïse, Jésus et Mahomet sont ces trois imposteurs. Une version de ce traité fut publiée par Holbach.

Le *Livre des trois imposteurs*[4], diffusé en 1721, est un ouvrage écrit et diffusé clandestinement longtemps avant cette édition écrite en français et publiée à Rotterdam. Une citation qui fera sentir mieux les intentions de l'auteur : « *Faudrait-il, parce que de braves petites vielles honorent [...] saint François, Ignace, Dominique et d'autres, croire vraiment que c'est là un précepte de la raison qu'il faille honorer au moins un de ces saints et que ces femmes se sont aperçues, par une illumination intérieure venue grâce au pouvoir d'un être suprême et invisible, qu'il fallait les*

1 *ib.*, p. 18.

2 Voir par exemple : Robert Locqueneux, *Science classique & théologie*, *op. cit.*, chapitre 7.

3 *Traité des trois imposteurs*, suivi des *Sentimens sur le Traité...* , Leyde, 1716.

4 *L'art de ne croire en rien suivi de Livre des trois imposteurs*, édition établie et préfacée par Raoul Vaneigem, Paris, Editions Payot & Rivages, 2002.

honorer ? Alors qu'il ne s'agit que de l'invention de nos prêtres oisifs qui font ça pour accroître considérablement leur train de vie. »[1]

L'auteur commence par une critique de la Bible :

« *On consulte la Bible comme si Dieu & la nature s'y expliquoient d'une façon particulière ; quoique ce livre ne soit qu'un tissus de fragmens cousus ensemble en divers tems, ramassés par diverses personnes, & publiés de l'aveu des Rabins qui ont décidé suivant leur fantaisie de ce qui devoit être approuvé ou rejetté selon qu'ils l'ont trouvé conforme ou opposé à la loi de Moyse.* »[2]

Ayant passé en revue les vies de Moïse, de Jésus et de Mahomet, l'auteur en conclut que « *les apparitions & les conférences de Moyse & de Mahomet, de même que l'origine divine de Jésus, sont les plus grandes impostures qu'on ait pu mettre au jour, & que vous devez fuir si vous aimez la vérité. Dieu n'étant, comme on a vu, que la nature, ou, si l'on veut l'assemblage de tous les êtres, de toutes les propriétés & de toutes les énergies, est nécessairement la cause immanente & non distincte de ses effets ; il ne peut être appellé ni bon, ni méchant, ni juste, ni misericordieux, ni jaloux ; ce sont des qualités qui ne conviennent qu'à l'homme ; par conséquent il ne sauroit ni punir, ni recompenser. Cette idée de punition et de récompense ne peut séduire que des ignorans.* »[3]

L'auteur veut mettre en évidence que le *Vieux* et le *Nouveau Testament* sont des œuvres humaines, des écrits dénués de toute inspiration divine et, pour ce faire, il les rapproche des œuvres de Platon et montre que leurs auteurs s'en inspirèrent. Ainsi, l'auteur considère-t-il que « *La naissance du monde a plus de vraisemblance dans [le] Timée [de Platon] que dans le livre de la Genèse* ».

---

1 *ib.*, p. 62.
2 *ib.*, p. 22.
3 *ib.*, p. 70, pour cette citation et la suivante.

Selon l'auteur, la comparaison entre Platon et les auteurs de la *Genèse* ne plaide pas en faveur de ces derniers :

« *D'où vient, par exemple, la conformité qui se trouve entre la doctrine du Vieux & du Nouveau Testament & les écrits de Platon, sinon de ce que les Rabins, & ceux qui ont composé les écritures, ont pillé ce grand homme ? La naissance du monde a plus de vraisemblance dans son Timée, que dans la livre de la Génèse ; cependant on ne peut pas dire que cela vienne de ce que Platon aura lu dans son voyage d'Egypte les livres Judaïques, puisqu'au rapport de St Augustin [Confessions, Liv. 7. Chap. 9, v. 20] le Roi Ptolomée ne les avoit pas encore fait traduire quand ce Philosophe y voyagea.*

La description du Pays que Socrate fait à Simias dans le Phaedon, a infiniment plus de grace que le Paradis Terrestre, & la fable des Androgynes [le Banquet de Platon, le Discours d'Aristophane] est sans comparaison mieux trouvée que tout ce que nous apprenons de la Génèse au sujet de l'extraction de l'une des côtes d'Adam pour en former la femme &c. »[1]

Père Berruyer, Histoire du peuple de Dieu, (1728)

Dans son *Histoire du peuple de Dieu, tirée des seuls livres saints*[2], le Père jésuite Isaac-Joseph Berruyer entreprend un long commentaire de l'*Ancien Testament*, si long qu'il consacre une quarantaine de pages au bref récit de la *Genèse*. Le premier chapitre est un commentaire de la première phrase de la *Genèse* : « *Dans le principe Dieu créa le ciel et la terre.* » ; ce commentaire commence ainsi : « *Dieu étoit de toute éternité ; & le monde n'étoit point : parce que le monde ne pouvant être ni de lui-même ni éternel, il devoit être créé dans le tems & tiré du néant.*

1 *ib.*, p. 55, 56.

2 Père Berruyer, *Histoire du peuple de Dieu*, 8 volumes, chez huit éditeurs-libraires à Paris, 1728.

Ce fut donc après une éternité toute entière, que le monde & rien du monde n'étant encore ni pour la matiere ni pour la forme, le moment arriva où l'esprit increé, tout-puissant, éternel, infini, manifesta au-dehors, en créant cet Univers, l'étendue de son pouvoir & la sagesse de ses conseils.

L'exposition que nous allons faire des merveilles de la création n'est point fondée sur des suppositions arbitraires, ou sur des arrangemens imaginés à loisir, & ingénieusement soutenus. Moyse n'a point écrit de génie ; instruit de la vérité, il n'a point cherché de ces vraissemblances, où l'on donne tout à la nécessité des Agens naturels, & presque rien à la toute puissance & à la sagesse du Créateur. Il a écrit sur la tradition de ses Peres, & il s'est proposé de raconter les choses, non comme on suppose qu'elles se seroient pû faire, mais comme il a appris qu'elles s'étoient faites. C'est parler peu respectueusement & d'une maniere bien peu correcte que d'appeler la narration de l'Historien sacré, le Système de Moyse. Ce grand homme n'a point fait de système. On n'auroit pû lui en demander compte, & lui en disputer les convenances. Héritiers de la foi des premiers hommes, il a conservé la révélation dans toute sa pureté ; ce sont des faits qu'on ne peut contester qu'en combattant la sincérité de l'auteur, ou plutôt la fidélité de Dieu même. Il n'est plus question de raisonnemens & de conjectures. Le seul parti qu'on puisse prendre sagement est de se soumettre à une créance en elle-même très-raisonnable sur la maniere dont Moyse nous retrace avec une héroïque simplicité la création de l'univers. »[1]

1 *ib.*, p. 1, 2.

L'abbé Pluche ou l'accord de la foi et de la raison à l'aube des Lumières

Entre 1732 et 1750, l'abbé Pluche publie les huit tomes du *Spectacle de la nature ou entretiens sur les particularités de l'histoire naturelle, qui ont paru les plus propres à rendre les Jeunes-Gens curieux, et à leur former l'esprit*, comme le précise l'interminable sous-titre du premier tome. En 1737, il publie *l'Histoire du ciel, où l'on recherche l'origine de l'idolâtrie et les méprises de la philosophie, sur la formation, et sur les influences des corps célestes*[1],[2]. L'approbation de Monseigneur le Chancelier, en date du 6 juin 1738, portait sur un manuscrit : *Histoire du ciel selon les idées des Poètes, des Philosophes et de Moïse, &c. Le &c recouvre : où l'on fait voir l'origine du ciel poetique ; la méprise des philosophes sur la fabrique du ciel et de la terre ; la conformité de l'expérience*, l'approbation s'accompagne d'un jugement très élogieux du chancelier : « *On ne sauroit donner trop d'éloge à l'Auteur qui a tourné toutes ses vûes du côté de la religion, & des bonnes mœurs. Le Public a déjà applaudi aux premiers ouvrages qui sont sortis de la même main, & je ne doute pas qu'il reçoive encore favorablement celui-ci, qui offre sur la Mythologie, sur toute la religion Payenne, & sur l'usage de la raison, un systême nouveau, & soûtenu avec beaucoup d'érudition.* » Une 2e édition, en 1740, témoigne du succès de cet ouvrage. Un *Supplément à l'Histoire du ciel*, paraît en 1741.

---

1 Noël-Antoine Pluche, *Spectacle de la nature*, 8 tomes en 9 volumes, Paris, Vve Estienne, 1732-1750 ; *Histoire du ciel*, 2 volumes, Paris, Vve Estienne, 1737 ; 2de édition citée ici, 1740.

2 Robert Locqueneux, « Antoine-Noël Pluche, une contribution chrétienne aux idées des Lumières », *Revue Espaces Marx*, 4, 1993, p. 3-15. « L'abbé Pluche, ou l'accord de la foi et de la raison à l'aube des Lumières », *Sciences & techniques en perspective, 2e série, vol. 2, n° 2, 1998, p. 235-288.*

Selon l'abbé Pluche, qui juge d'après le récit de Moïse, Dieu ne fit pas la Terre telle qu'elle est à présent : « *celle-ci n'inclinait pas son axe sur le plan de sa route annuelle et ainsi présentait toujours son équateur au soleil : aussi à l'exception de la zone torride, les autres régions ne connaissaient qu'un éternel printemps.* »[1] Après le péché originel, Dieu ne changea pas l'état de sa création et jusqu'au déluge, « *la Terre conserva la vigueur et les grâces de sa jeunesse, [...] Par une suite naturelle de cette température uniforme, les arbres conservaient toujours leur verdure. Ils étaient à la fois couverts de fruits, de fleurs et de boutons. En réjouissant l'homme par des récoltes actuelles, ils lui montraient par avance les préparatifs de celles qui devaient suivre ; et l'abondance était extrême, [...] une seule chose défigurait la terre : c'était la méchanceté de ses habitants.* » Il est évident que l'oisiveté est la mère de tous les vices ; c'est l'opinion commune au Siècle des lumières : en comblant les hommes de tous les biens, la nature leur donnait l'occasion d'être voluptueux et scélérats. Le déluge seul pouvait arrêter les crimes du premier âge ; cependant Dieu « *ne mit pas encore en œuvre le remède nécessaire pour réformer le fond du cœur de l'homme ; mais il mit efficacement les habitans de la seconde terre hors d'état de porter aussi loin les effets de leur méchanceté que ceux de la première* », il laissa les terrains crevassés et les rochers tumultueusement dispersés là où se trouvaient des vallées délicieuses et des collines toujours tapissées de verdure.

Pour cela, il suffit à Dieu de déplacer « *une ligne [...] dans la nature pour en changer la face. Il prit l'axe de la terre et l'inclina quelque peu vers les étoiles du nord...* » La terre en fut ébranlée, les cataractes du ciel furent

---

1 Pluche, *Spectacle de la nature*, tome 3, p. 526, pour cette citation et les suivantes.

ouvertes, ce fut le déluge. L'inclinaison nouvelle de l'axe de la terre fut cause de la diversité des saisons, et des vicissitudes de l'air. Par ce seul moyen, Dieu avait réuni les conditions d'une altération nécessaire du tempérament de l'homme et d'un resserrement de la durée de sa vie. Celui-ci dut gagner sa vie à la sueur de son front, sa méchanceté fut tempérée.

Dans l'*Histoire du ciel*, Pluche considère d'une part, une philosophie naturelle qui, découle toujours de l'observation et de l'expérience, mais dépasse quelque peu la physique expérimentale, d'autre part entreprend d'établir l'accord entre la physique expérimentale et le récit de la *Genèse*. Il ne reste alors, selon l'abbé, qu'à constater l'accord des deux. En philosophie naturelle, Pluche paraît assurer que les natures élémentaires étaient distinguées dès le premier moment de la création : la terre est un assortiment de natures déterminées, l'eau est l'une d'elles.

« *La lumière corporelle n'est point l'effet ou la production du soleil ; la lumière, toujours prête à nous éclairer, dès que le moindre feu la troublera, n'attend pas le soleil pour subsister autour de nous. Elle y est avant qu'il vienne, comme l'air est autour de nous indépendamment de la cloche qui pousse cet air sur nos oreilles [...]. Il n'y a là ni écoulement ni projection ; mais une ondulation successive, une pression qui sans transporter loin du soleil ou de la cloche ce qui les environne, se communique du soleil ou de la cloche au corps environnant, puis à d'autres, et enfin jusqu'à nous.* »[1]

Pluche admet que le feu est une matière subtile répandue partout et qui pénètre tout : il écrit que Dieu « *a suspendu dans l'étendue du ciel, une seconde mer d'eaux atténuées et invisibles [qui] remplissent l'atmosphère sans en troubler la transparence* ». Pluche en voit la preuve dans

---

1 Pluche, *Histoire du ciel*, t. 2, p. 355, 356.

« l'amas qui s'en fait sur les dehors d'une bouteille qu'on apporte de la cave à l'air extérieur ; et dans laquelle le feu de l'air ne peut entrer pour s'y étendre en équilibre, sans abandonner l'eau qu'il tenait raréfiée, et qui devient sensible en s'épaississant »[1].

Ainsi conçue, la philosophie naturelle éclaire le texte de la *Genèse*, la création de la terre et du ciel, et avec lui des sphères célestes ; celles-ci comme la terre n'étaient encore que « *des masses brutes et ténébreuses* », « *de grands amas d'élémens, parfaits en eux-mêmes, et proportionnés à une fin ; mais non encore arrangés et mis en œuvre.* »[2] Elle rend crédibles la création de la lumière et sa séparation de ténèbres alors qu'il n'y a ni soleil ni lune. Que Dieu ait dispersé la moitié des eaux qui couvrent la terre, la physique peut encore en rendre compte : Dieu a volatilisé ces eaux, les a dispersées à la ronde, « *et les atténuant de façon à les mettre en balance avec l'air, et à leur donner l'air pour appui ; il les fait parvenir jusqu'aux dernières couches du tourbillon ou de la sphère qui environne et maintient la terre en place* »[3]. Mais que Dieu ait créé les plantes avant le soleil, cela embarrasse notre abbé :

« Toutes les plantes, nouvellement créées allongent leurs racines, et vont chercher sous terre des sucs nourrissants. Mais un froid aigu les empêche de s'exposer encore si-tôt. Elles retiennent leurs fleurs et leurs paquets de feuilles sous d'épaisses enveloppes [...] Jusqu'ici rien ne part, et le principe de vie qui les anime y demeure dans une espèce d'engourdissement. »[4].

Mais enfin le soleil vint, et, heureusement pour Pluche, il vint avant les animaux et l'homme. Ce n'est que le

---

1 *ib.*, p. 368.
2 *ib.*, p. 374.
3 *ib.*, p. 376.
4 *ib.*, p. 381.

sixième jour, lorsque la terre a été faite, que, selon le récit de Moïse, « *Dieu, introduit enfin son bien-aimé sur la terre ; il y met l'homme et lui donne une compagne* ». Pluche nous dit qu'alors, dans la nature, tout est fait ; « *il n'y sera donc plus rien produit dans toute la suite des âges.* »[1]

Pour Voltaire, il n'y a là que sottises convenues qu'on réimprime tous les jours sans conséquence, et qui servent même à l'éducation de la jeunesse. Citant le *Spectacle de la nature*, « *où il est dit que Moïse est un grand physicien ; que la lumière arrive des étoiles sur la terre en sept minutes, et que le chien de Monsieur le chevalier s'appelle Mouflar* », Voltaire ajoute avec indulgence : « *ces inepties nombreuses ne font nul mal, ne portent préjudice à personne, et sont aisément rectifiées par les instituteurs qui instruisent la jeunesse.* »[2]

Bien sûr, il est des jours où Voltaire oublie son habituelle bonhomie envers l'abbé et qu'il l'appelle « *le charlatan des ignorants.* »

Linné et le *Discours sur l'accroissement de la terre habitable* (1744)

Linné[3], ce naturaliste est célèbre pour avoir proposé une nomenclature binomiale des plantes, et qui, pour ce faire, se considérait comme le second Adam, puisque Dieu avait demandé à Adam de nommer tous les animaux de la création. Aussi Linné, qui ne met nullement en doute le récit de la *Genèse*, suppose-t-il qu'à la création du monde, la partie immergée du globe n'avait qu'une faible étendue puisque si celle-ci avait été aussi vaste qu'aujourd'hui, « *il*

---

1 *ib.*, p. 391.
2 Voltaire, *Les honnêtetés littéraires*, Genève [éd. citée : J. Van den Heuvel (ed.)], Voltaire, *Mélanges*, Paris, Gallimard, 1961 ; p. 949.
3 C. Linné, *L'équilibre de la nature*, traduit par Bernard Jasmin, introduction et notes par Camille Limoges, Paris, Vrin, 1972.

aurait été difficile à Adam, et même impossible, de découvrir chacun des animaux. Ceux-ci, en effet, poussés par leur instinct, se seraient dispersés bientôt dans toutes les directions. »[1] Et cette terre, ne serait-elle pas le mont Ararat, là où l'arche de Noé s'est posée après le Déluge (*Genèse* 8-4).

« *C'est maintenant le lieu de démontrer comment tous les Végétaux ont pu, sur un espace exigu de terre, trouver un sol approprié et les Animaux, rencontrer le climat désirable.*

Si l'on conçoit que le Paradis était situé sous l'équateur même, on conçoit en même temps comment cela pouvait se faire pourvu qu'on pose qu'un mont élevé ait orné ces très riches plaines.

Plus un Mont élève son sommet dans les Airs, plus il est exposé aux grands froids.

Le mont Ararat en Arménie, conserve à son sommet une neige éternelle, comme sous le pôle arctique, la crête des monts de Laponie. Et le même froid, qui règne sur les montagnes de Laponie, domine sur la cime de l'Ararat. Sur la cime de cette montagne et sur les versants de la Zone froide pourraient croître les Végétaux de Laponie et également y habiter les Animaux de cette région. »[2]

Esteve, *Origine de l'Univers expliquée par un Principe de la matière*

Esteve publie en 1748, l'*Origine de l'Univers expliquée par un Principe de la matière*, l'ouvrage parut ou est censé être paru à Berlin[3].

---

1 *Ib.*, « *Discours sur l'accroissement de la terre habitable* », 1744 ; § 20, p. 32.
2 *Ib.*, § 45-48, p. 37.
3 Esteve, *Origine de l'Univers expliquée par un Principe de la matière*, Berlin, 1748.

Huit ans avant la publication de la traduction par Mme du Châtelet des *Principia* de Newton, Esteve opte pour l'attraction newtonienne : « *La Révolution qui est arrivée ces derniers siècles dans la Physique, a servi à dévoiler les Loix par lesquelles l'Univers se soûtient. Une nouvelle propriété reconnuë dans la matière a fait voir l'ordre constant qui devoient conserver entr'eux ces Corps immenses qui flottent dans l'étenduë.* »[1]

D'entrée, Esteve, et en l'admettant, il fait un pas de plus : « *on explique par les loix de l'attraction les mouvemens, la figure, &c., des Corps célestes ; ne peut-on aussi examiner si l'attraction ne seroit point capable de les former eux même, de les avoir disposer comme nous les voyons ; en un mot d'avoir ordonné chaque Monde comme il se soutient ?*

Le principe par lequel un ordre se conserve & se soutient, est sans doute le même que celui par lequel il s'est formé. Sur cette vûë, il se s'agit plus que d'abandonner pour un instant l'ordre des Mondes, & de remonter à une matière qui n'ait point encore d'arrangement. »

« *Dès le premier instant la force attractive inséparable de la matière forme des Elemens de différent genre, d'où resultent ensuite des Corps, des Planètes, des mouvemens. Par cette simple idée, peu-à-peu des Mondes se forment, un ordre s'y établit, & le Principe qui l'établit veille toûjours à sa conservation* ».[2]

Esteve se défend de substituer à une providence éclairée, sage et éternelle, c'est-à-dire au Créateur, une propriété inaltérable et aveugle de la matière, qui aurait suffi à la construction de l'univers. Aussi affirme-t-il que l'Auteur de la Nature « *s'est servi de l'Attraction comme d'un ressort universel pour maintenir l'ordre des Corps.*

---

1 *Ib., préface, p. v, vj.*
2 *Ib., préface, p. vij.*

Comme le font encore les Esprits animaux qui ont organisé votre Corps. »[1]

Esteve entreprend la description du système solaire et, après celle-ci. « *Transportant à l'infini cet ordre constant & admirable, il arrivera que chaque Etoile sera un Soleil, autour duquel se mouvront d'autres Corps avec différentes vîtesses, & à différentes distances.*

Le nombre infini de Mondes, & à plus forte raison de Corps célestes que contiendra l'Univers, sera par-là au-dessus de toute idée. »[2]

Après une brève description des mondes, Esteve pose la question de la formation de ces mondes et de leur stabilité : « *Si le monde aurait pû être formé par des Tourbillons ?* »[3] Il évoque sommairement le monde de Descartes, avec chaque soleil au centre de son tourbillon, lequel entraîne avec rapidité toutes les planètes qui lui appartiennent. Mais ces tourbillons peuvent-ils subsister ? Certes non, comme la pierre que contient une fronde, presse sans cesse pour s'échapper, les parties fines et déliées qui composent un tourbillon « *feront aussi effort pour s'éloigner du centre de leur mouvement, & en se dissipant par parties détruiront bientôt le Tourbillon qu'elles formoient.* »[4] Cet inconvénient ne cesse que « *si on supposoit que les Tourbillons sont si serrés les uns sur les autres qu'ils s'appuyent et se retiennent reciproquement* ». Il s'ensuit aussi qu'il ne peut y avoir de bornes à l'Univers puisque chaque tourbillon ne peut être soutenu que par ses voisins ; « *puisque le dernier Tourbillon auroit dû encore être retenu pour empêcher la dissipation de ses parties.* »[5]

---

1 *Ib., préface, p. ix.*
2 *Ib., p. 3.*
3 *Ib., p. 8.*
4 *Ib., p. 10.*
5 *Ib., p. 22.*

Ainsi ne peut-on alors admettre aucun vide dans le monde, comme le suppose Descartes, lequel n'est cité qu'à ce propos.

Esteve entreprend alors de réfuter cette vision du monde. Il considère que si tout est plein, tout est impénétrable, et un corps qui serait plongé dans un tourbillon ne saurait jamais se mouvoir indépendamment du torrent général et ne pourrait donc être animé et vivant. Quant à la lumière, elle est une impression qui, dès qu'elle est faite à une partie du tourbillon, doit se communiquer en un instant à tout le système solaire et ne laisser aucune partie dans l'obscurité, ce qui fait que l'alternance du jour et de la nuit ne pourrait exister.

Nous ne suivrons pas notre auteur dans sa longue accumulation de phénomènes qui s'inscrivent en faux contre la théorie des tourbillons ; il termine cette réfutation en évoquant l'observation de Comètes qui parcourent « *nôtre Monde avec des directions souvent opposées au mouvement général.* »[1] Ainsi en vient-il à l'exposé des lois qui perpétuent les mondes telles que les conçut « *le grand Newton* ».

Dans le monde de Newton, « *les bornes de l'Univers seront telles qu'on les voudra imaginer : Nôtre Monde auroit pû exister seul.* »[2]

Dans ses « *Considérations métaphysiques sur la force primitive de la Matière* », Esteve écrit : « *l'Esprit ne peut considérer que les choses existantes : Il n'appartient qu'à la Divinité de travailler sur le Néant ; ainsi nous commencerons par poser une substance matérielle éxistente dans l'Espace. Cette substance doit avoir différentes propriétés, mais toutes ne paroissent pas entrer aussi nécessairement dans sa Nature ; car on peut,*

---

1 *Ib.*, p. 17.
2 *Ib.*, p. 22.

par exemple, concevoir la matière sans la supposer en mouvement. »[1]

Esteve doit faire le choix entre la vision du monde de Descartes et celle de Newton : *« Les préjugez & les yeux sont pour l'impulsion ; au lieu que l'attraction ne présente que des faits peu sensibles. Son opération est en quelque façon plus cachée, mais les effets & les loix en sont bien plus simples. »*

Esteve opte donc pour la vision du monde de Newton, et pour les opérations plus cachées de l'attraction : *« L'attraction sera comme la Source cachée de tous les Phénomènes que nous offre nôtre Systême Solaire : tous les mouvemens particuliers que nous observerons pourront se rapporter à cette cause générale : rien dans la Nature ne s'operera sans son action, & elle pourra alors être regardée comme le Principe universel du mouvement de la matière ; il ne restera plus qu'à admirer le Principe d'où elle peut avoir tiré elle-même son éxistence ; & nos Hommages honoreront sans doute plus que nos recherches ce Principe sous la profondeur duquel l'Esprit tombe accablé.* »[2]

Benoît de Maillet, le *Telliamed ou des entretiens sur la diminution des mers*, 1748[3,4].

Dans cet ouvrage, l'auteur entreprend de démontrer la diminution de la mer, mais notre auteur est résolument matérialiste ; pour ce faire il use d'une fiction : *« l'opinion bizarre d'un voyageur indien rencontré par un missionnaire français au Caire »*, là où Benoît de Maillet avait été Consul Général entre 1692 et 1708. L'ouvrage a

1 *Ib.*, p. 28, 29, pour cette citation et la suivante.
2 *Ib.*, p. 41, 42.
3 Maillet Benoît de, *Telliamed*, 1748, Paris, Fayard, Corpus, 1984.
4 Robert Locqueneux, *Science classique & théologie*, Paris, Vuibert, Adapt-SNES, 2010 ; p. 185-190.

circulé sous le manteau pendant plusieurs années avant d'être revu, augmenté peut-être et publié par l'abbé Le Mascrier, en 1748. Le *Telliamed*, dédié à Cyrano de Bergerac, reste dans la lignée des ouvrages libertins du XVIIe siècle et ne doit rien à l'esprit des Lumières ; d'ailleurs Benoît de Maillet avait travaillé à cet ouvrage pendant plus de trente ans sans le publier, encouragé alors par Fontenelle[1]. L'auteur semble ignorer les œuvres de Newton et de Leibniz et ne conçoit le monde que peuplé de tourbillons.

Le *Telliamed* commence par le constat du retrait de la mer en diverses côtes et se poursuit par une étude détaillée de la conformation du globe apparent de la terre et celle de la partie que la mer nous cache, par l'étude de la position et de l'aspect des montagnes, des matières dont elles sont composées : « [...] *les pierres de toutes les sortes, les marbres unis et variés qui ne sont que des congélations, les lits de cailloutages renfermés entre deux couches de sable, la ressemblance de ces matières avec celles que la mer emploie encore chaque jour dans son fond ou sur ses bords, les lits qu'elles composent et leur arrangement ; les corps terrestres et étrangers, du bois, du fer, des plantes, des os d'hommes et d'animaux, des pierres d'une substance différente, insérés dans la masse de nos montagnes ; les coquillages sans nombre, connus et inconnus, lardés encore dans leur superficie comme dans leur intérieur, les bancs entiers qu'on en rencontre en divers endroits de la terre, tant d'autres corps marins trouvés dans leur sein ; tant de coquilles, de plantes et de feuilles propres à certaines régions, découvertes dans la composition des terrains de certaines autres contrées situées dans des parties du globe fort éloignées ; la*

1 Jacques Roger, *Les sciences de la vie*..., *op. cit.*, p. 520.

manière toujours horizontale dont ces différents corps sont arrangés dans ces terrains [...][1] ».

De cette prospection, qui s'appuie sur des connaissances géologiques certaines en son temps, Benoît de Maillet déduit que « *tout enfin dans la nature nous parle de cette vérité, que nos terrains sont l'ouvrage de la mer, et qu'ils en sont sortis par la diminution des eaux* ».

Pour expliquer la diminution des eaux de la mer, Benoît de Maillet s'envole sur les ailes du rêve. En se fondant sur une base observationnelle très courte, il imagine que les astres : les étoiles et les planètes, passent alternativement de l'état de globes opaques à celui de soleils embrasés : « *Les histoires des temps les plus éloignés et les plus voisins nous apprennent que certaines étoiles ont disparu, et qu'il s'en est montré de nouvelles ; que de petites se sont augmentées et que de grandes sont devenues petites*[2] ». Les planètes sont des globes opaques de moindre grosseur que le soleil et qui, entrés dans son tourbillon, sont emportés autour de lui. Benoît de Maillet imagine qu'au temps où la Terre est entrée dans le tourbillon d'un soleil, « *l'activité de son feu était si faible, que notre terre pouvait achever son cercle autour de lui dans un espace de soixante jours ou un peu moins. Ce feu mourant fut aussi la cause de ces pluies continuelles qui occasionnèrent le Déluge, dont les eaux couvrirent, je ne dis pas toute la terre, mais une grande partie de ses terrains* ».

Contre le témoignage de Noé et celui des différents peuples de Grèce et d'Égypte, Maillet affirme que la vie des hommes ne fut pas bornée après le Déluge, comme Moïse l'assure, mais que si *« les hommes mouraient à l'âge de 900 ans, sans vivre cependant plus longtemps*

---

1 Benoît de Maillet, *Telliamed, op. cit.*, p. 193, 194, pour cette citation et la suivante.

2 *ib.*, p. 211-219, pour cette citation et les suivantes.

qu'à présent », c'était parce que la mesure de l'année était, avant comme après, celle du circuit annuel de la Terre autour du soleil. « *D'où l'on doit conclure, qu'avant le Déluge le cercle de la Terre autour du soleil était beaucoup plus petit que celui qu'elle décrit aujourd'hui ; que par conséquent elle changea de mobile en cette occasion. Or il est évident que cela ne pût arriver que par cette transmigration d'un tourbillon à un autre, dont Pausanias et Ovide nous ont conservé la mémoire* ».

En changeant de tourbillon, la Terre s'est trouvée à l'égard de son nouveau soleil dans une position telle que les eaux de ses mers, s'évaporant vers d'autres globes, diminuent. Parce qu'il est assuré que toutes nos terres habitables sont originairement sorties des eaux de la mer, les plantes et les animaux dont la terre est peuplée, tirent leur origine de ceux que celle-là renferme encore aujourd'hui dans son sein. Ne trouve-t-on pas des plantes et même quelquefois des animaux dans de petites îles fort éloignées du continent, d'une naissance très récente, et de quelques siècles au plus. Benoît de Maillet remarque des ressemblances entre certains poissons et des animaux terrestres :

« *Pour se convaincre que les uns et les autres ont passé de l'état marin au terrestre, il suffit d'examiner leur figure, leurs dispositions et leurs inclinations réciproques, et de les confronter ensemble. [...] faites attention, non seulement à la forme de toutes les espèces de nos oiseaux, mais encore à la diversité de leur plumage, et à leurs inclinations : vous n'en trouverez aucune, que vous ne rencontriez dans la mer des poissons de la même conformation ; dont la peau ou les écailles sont unies, peintes ou variées de la même sorte, les ailerons ou nageoires placés de même ; qui nagent dans les eaux, comme les oiseaux de leur figure volent et nagent dans les airs*[1] ».

Benoît de Maillet trouve à cela une raison : « *[...] le passage du séjour des eaux à celui de l'air est beaucoup plus naturel qu'on ne se le persuade communément. L'air dont la terre est environnée, au moins jusqu'à une certaine hauteur, est mêlé de beaucoup de parties d'eau. L'eau est un air chargé de parties d'eau beaucoup plus grossières, plus humides et plus pesantes que ce fluide supérieur auquel nous avons attaché le nom d'air, quoique l'un et l'autre ne fasse réellement qu'une même chose* ».

De là à nous faire assister à la métamorphose d'un poisson en oiseau il n'y a qu'un pas que notre auteur n'hésite pas à franchir : « *[...] il arrive assez souvent, que les poissons ailés et volans chassant ou étant chassés dans la mer, emportés du désir de la proie ou de la crainte de la mort, ou bien poussés peut-être à quelques pas du rivage par les vagues qu'excitoit une tempête, soient tombés dans des roseaux ou dans des herbages, d'où ensuite il ne leur fut pas possible de reprendre vers la mer l'effort qui les en avoit tirés [...]. Alors leurs nageoires n'étant plus baignées des eaux de la mer, se fendirent et se déjetterent par la sécheresse. Tandis qu'ils trouverent dans les roseaux et les herbages dans lesquels ils étaient tombés, quelques aliments pour se soutenir, les tuyaux de leurs nageoires séparés les uns des autres se prolongerent et se revêtirent de barbes ; ou pour parler plus juste, les membranes qui auparavant les avaient tenus collés les uns aux autres, se métamorphoserent. La barbe formée de ces pellicules déjettées s'allongea elle-même ; la peau de ces animaux se revêtit insensiblement d'un duvet de la même couleur dont elle était peinte, et ce duvet grandit. Les petits ailerons qu'ils avoient sous le ventre, et qui, comme*

---

1 *ib.*, p. 249-252, pour cette citation et les suivantes.

leurs nageoires, les avoient aidés à se promener dans la mer, devinrent des pieds, et leur servirent à marcher sur la terre. Il se fit encore d'autres petits changemens dans leur figure. Le bec et le col des uns s'allongèrent ; ceux des autres se racourcirent : il en fut de même du reste du corps. Cependant la conformité de la première figure subsiste dans le total ; et elle est et sera toujours aisée à reconnoître ».

Passons outre l'origine des animaux marins et des animaux terrestres, et arrêtons-nous sur l'origine des hommes terrestres, lesquels sont nés des hommes marins. Pour un sujet aussi grave, Benoît de Maillet délaisse les récits nés de l'imagination des poètes pour ne s'en tenir qu'aux récits des voyageurs ou de ceux qui habitent au voisinage des mers ; des récits où l'ont rencontrent des hommes marins, mi-hommes mi-poissons ; des hommes sauvages, des orangs-outans dont il n'eût pas été impossible « *de les conduire par la suite de quelques générations à un véritable langage et à une forme plus parfaite que celle qu'ils avoient auparavant*[1] » ; des hommes à queue ; des hommes sans barbe ; des hommes d'une jambe et d'une seule main ; des noirs ; des géants[2]. Benoît de Maillet doute que les diverses espèces d'hommes trouvés dans tant d'îles nouvellement découvertes descendent de Noé ; il doute aussi que des hommes à queue puissent descendre des hommes qui n'en ont point ; ainsi jette-t-il le doute sur le récit biblique. Il spécule ensuite sur les conditions les plus favorables du passage des hommes de l'eau dans l'air : il constate, au travers des récits de voyage, que ce passage est très nuisible dans les régions tempérées et chaudes puisque les hommes marins qui y furent pris ont peu vécu ; et « *c'est*

1 Benoît de Maillet, *Telliamed*, op. cit., p. 270, 271.
2 Ainsi peut-on porter sur Benoît de Maillet, le jugement que Lucien Febvre portait sur M. de Monconys (voir infra, Partie 1, chapitre 2, § Descartes).

sans contredit vers les pôles et dans les pays froids, que les dispositions à ce passage sont plus favorables, parce que dans ces climats l'air toujours humide et chargé de brouillards épais dans la plus grande partie de l'année, n'a rien de fort différent de la froideur et de l'humidité des eaux de la mer[1] ».

Puisque tout ce qui a vie sur terre tire son origine de la mer, et puisqu'avant que la terre soit recouverte par les eaux, il n'y avait aucunes espèces vivantes parce qu'elles avaient toutes été détruites par le feu ; il reste à expliquer comment notre Terre s'est trouvée peuplée sans le secours d'une nouvelle création et sans qu'il n'y ait eu une transmigration des animaux d'un autre globe. Pour résoudre cette énigme, Benoît de Maillet imagine l'existence de semences répandues dans tout l'univers, ces semences originelles des choses vivantes, sensitives ou végétatives sont si déliées, même celles des animaux les plus grands, qu'il est impossible de les apercevoir avec le secours des meilleurs microscopes. Il est aussi convaincu que : « [...] *l'air que nous respirons, les aliments que nous prenons, l'eau que nous buvons, sont tellement remplis de ces semences qu'elles en font partie. Que cette constitution et ce mélange [ajoute-t-il] soient établis par les lois invariables de la nature, ou par celles du Créateur, cela m'est égal ; il me suffit que telle est l'essence de la matière*[2] ».

Selon Benoît de Maillet, la génération de l'homme et de la plupart des animaux arrive de la manière suivante : « *Lorsque le mâle est parvenu à un certain âge, les semences de son espèce se réunissent en lui par l'air qu'il respire et par les aliments dont il se nourrit, suivant une loi générale de la nature, qui veut que chaque chose cherche à s'attacher à son espèce. Alors ces semences*

1 *ib.*, p. 285.
2 *ib.*, p. 299-302, pour cette citation et les suivantes.

sont préparées à la fécondité par les vaisseaux du mâle, [... elles y reçoivent] une disposition à la vie qu'elles n'avaient pas lorsqu'elles y ont été introduites. Ces vaisseaux sont donc une première matrice, où elles sont préparées à un plus grand accroissement qu'elles doivent recevoir dans une seconde, c'est-à-dire, dans celle des femelles ».

Il reste à rendre compte de l'apparition des premiers animaux dans le sein des mers par l'opération de la nature seule ; « *les eaux dont les globes sont environnés, deviennent en certains temps et par certaines dispositions propres à la fécondité. C'est là cette première matrice, dans laquelle les semences reçoivent ce commencement d'étendue et de mouvement qu'elles acquièrent dans les vaisseaux du mâle* » ; Benoît de Maillet n'en veut pour preuve que le nombre prodigieux d'animaux de diverses espèces que l'on peut observer au microscope dans une goutte d'eau où quelques herbes auront trempé pendant quelques jours. Ensuite ces semences ainsi préparées à la vie dans les eaux de la mer trouvent dans les limons gras du fond des mers ou dans d'autres matières, une seconde matrice qui supplée à celle des femelles ; ainsi dans ces limons et à la faveur d'un degré convenable de chaleur, elles acquièrent « *une augmentation de grosseur et de force assez considérable pour en sortir, et aller chercher dans les eaux une suite de nourriture, qui les conduit au point de grosseur et de perfection dont l'espèce est susceptible* ». Ainsi la vie est-elle réapparue sur la terre après que le feu qui la consumait se fut éteint et qu'elle fut submergée par les eaux.

Arrivé à la fin de son exposé, Benoît de Maillet se doit d'établir la conformité de son système avec la *Genèse*. Pour ce faire, il relève que Moïse a expliqué « *la préparation des eaux à la fécondité des espèces, lorsqu'il a dit qu'au commencement l'Esprit de Dieu se promenait sur les eaux* », et qu'il les couvrait, c'est-à-dire que, par la chaleur du Soleil, il disposait à la fécondité les semences qui y était contenues. Sur la formation du globe et des êtres animés, le texte de la *Genèse* convient que la terre n'était au commencement qu'une masse informe couverte d'eaux, sur lesquelles l'esprit de Dieu était porté ; que ces eaux diminuèrent par la séparation qui s'en fit, que par cette séparation il parut une terre aride qui fut vite couverte de verdure, qu'après cela elle se peupla d'animaux, et que l'homme fut le dernier ouvrage de la main de Dieu. Mais Benoît de Maillet n'accorde qu'un sens métaphorique au terme des six jours marqué dans la *Genèse* pour la perfection de tous ces ouvrages. Et il achève en professant : « *C'est trop d'ignorance ou trop de présomption aux hommes de se persuader que les étoiles n'ont été créées que pour leur utilité, tandis surtout qu'elles leur sont si inutiles. Il serait encore plus absurde de croire, qu'elles ont été faites seulement pour leur plaisir. Que penser donc de raisonnable sur cet article ? Qu'elles sont destinées à élever l'homme vers le Créateur, et à lui annoncer sa gloire et ses merveilles ? J'en conviendrai facilement ; mais comme elles ont cela de commun avec toutes les autres créatures, il faut nécessairement convenir que comme elles, elles doivent encore avoir été créées pour une autre fin qui leur soit propre, et par conséquent avoir un autre usage.*

C'est mal juger de ce vaste univers, de ne lui attribuer qu'une fin aussi bornée que l'utilité de l'homme. Les vues de Dieu sont aussi étendues et aussi incompréhensibles que lui-même. Marquer un commencement à ses ouvrages, ou les condamner à l'anéantissement, c'est vouloir trouver une mesure et une fin à celui qui n'en a aucune. C'est ce principe qui n'en a point, qui est celui de toutes choses, et de cette infinité de globes dont nous sommes environnés. L'homme est dans celui que nous habitons, l'image la moins imparfaite de cet Esprit éternel et infini ; d'autres globes peuvent en avoir de plus excellentes. Lorsque ces images s'effacent dans un, elles renaissent dans un autre, peut-être avec plus de perfection. Si un Soleil s'éteint, il est remplacé par un nouveau. Si un globe semblable au nôtre s'embrase, et que tout ce qu'il renferme de vivant y soit détruit, de nouvelles générations le remplaceront en un autre. Les Soleils, les globes habités, ceux qui sont prêts à le devenir, les plantes, les arbres, des espèces d'animaux sans fin parmi lesquelles il y en aura toujours d'une excellence supérieure, telle que celle de l'homme, subsisteront à jamais dans les vicissitudes mêmes qui paraissent les détruire. Cette perpétuité de mouvement dans l'univers ne détruit ni la création, ni l'existence de la première Cause : au contraire elle la suppose nécessairement comme son commencement et son principe. C'est ce que j'ai compris de plus vraisemblable : si je veux porter mes idées au-delà, elles se perdent, ainsi que la force de ma vue meurt dans le nuage qu'elle cherche à percer[1] ».

Boyer d'Argens (attribué à), *Thérèse philosophe* (1748)

L'ouvrage, censé être édité à La Haye, le fut à Paris ; anonymement, il fut parfois attribué à Diderot, qui n'en revendiqua pas la paternité, la citation faite ici en démontre la raison.

Laissons la parole à l'auteur : « *J'observe d'abord qu'il y a quatre parties dans le monde ; que la vingtième partie, au plus, d'une de ces quatre parties est catholique ; que tous les habitants des autres parties disent que nous adorons un homme, du pain, que nous multiplions la Divinité ; que presque tous les Pères se sont contredits dans leurs écrits : ce qui prouve qu'ils n'étaient pas inspirés par Dieu.*

Tous les changements de religions depuis Adam, faits par Moïse, par Salomon, par Jésus-Christ, et ensuite par les

1 *ib.*, p. 306, 307.

Pères, démontrent que toutes ces religions ne sont que l'ouvrage des hommes. Dieu ne varie jamais, il est immuable.

Dieu est partout : cependant, l'Ecriture sainte dit que Dieu chercha Adam dans le paradis terrestre, Adam ubi es ? que Dieu s'y promena qu'il entretint avec le diable au sujet de Job. La raison me dit que Dieu n'est sujet à aucune passion : cependant, dans la Genèse, chapitre VI, on y fait dire à Dieu qu'il se repent d'avoir créé l'homme ; que la colère n'a pas été inefficace. Dieu paraît si faible dans la religion chrétienne, qu'il ne peut pas réduire l'homme au point où il le voudrait : il le punit par l'eau, ensuite par le feu, l'homme est toujours le même ; il envoie des prophètes, les hommes sont toujours les mêmes ; il n'a qu'un fils unique, il l'envoie, le sacrifie, cependant les hommes ne changent en rien. Que de ridicules la religion chrétienne donne à Dieu ! »[1]

Voltaire (François Marie Arouet, dit Voltaire)[2,3]

Né à Paris en 1694, et décédé dans la même ville en 1778, il a, par son œuvre, contribué plus que tout autre à l'esprit des Lumières. Son premier ouvrage, écrit après un exil de trois ans à Londres, les *Lettres philosophiques*, publié en 1734, fait l'éloge du gouvernement parlementaire anglais et contribue à la diffusion de la physique de Newton en

---

1 Boyer d'Argens (attribué à), *Thérèse philosophe* (1748), La Haye. *& in Romanciers libertins du XVIIIe siècle, Gallimard, Bibliothèque de la Pléiade,* 2000, tome 1, p. 867-977 ; p. 918, 919.

2 René Pomeau, *La religion de Voltaire*, nouvelle édition revue et mise à jour, Paris, A.-G. Nizet, 1995 ; Erica Deuber-Pauli et Jean-Daniel Candaux (dir.), *Voltaire chez lui, Genève et Ferney*, Genève, Skira, 1994.

3 Voltaire : *La métaphysique de Neuton ou parallèle des sentimens de Neuton et de Leibnitz*, Amsterdam, Jaques Desbordes, 1740. Voltaire, *Dictionnaire philosophique*, (1ere édition 1764), 1769, édition de J. Benda et R. Naves, Paris, Garnier Frères, 1961.

France. En 1738, paraît chez Etienne Ledet, à Amsterdam un ouvrage de Voltaire : les *Elémens de la philosophie de Neuton mis à la portée de tout le monde*, Voltaire est furieux, Ledet ayant reçu un ouvrage incomplet a engagé un plumitif pour le terminer ; quant au titre il fit bien rire dans les salons : « *mis à la porte par tout le monde* » y disait-on ; qui rit des autres m'aime pas qu'on rit de lui. La même année, 1738, à Amsterdam les Sieurs Ledet & Compagnie, publient un *Supplément pour servir à l'édition des Elémens de Neuton contenant des éclaircissements nécessaires donnés par l'Auteur, et un Vingt-sixième Chapitre sur le Flux & le Reflux de l'Océan.* L'ouvrage corrigé paraît la même année à Londres ; et toujours à Londres, en 1741, les *Elémens de la philosophie de Neuton. Contenant la Métaphysique, la Théorie de la Lumiere, & celle du Monde*[1]. Après avoir montré que Voltaire était aussi un savant physicien, revenons à l'objet de notre étude…

Voltaire & la *Genèse* enfin expliquée[2]

Dans *La Bible enfin expliquée*, Voltaire reprend le texte de la Bible, et accompagne presque chaque phrase de commentaires plus ou moins longs par des notes de bas de page ; nous suivrons ici le texte des jours de la création et de leurs commentaires : « *Du commencement les dieux fit le ciel et la terre : or la terre était tohu bohu et le vent de Dieu courait sur les eaux.* »[3] Voltaire dit que le texte hébreu, c'est-à-dire phénicien, syriaque porte expressé-

---

1 Voltaire, *Eléments de la philosophie de Newton*, critical edition by Robert L. Walters and W. H. Barber, Oxford, The Voltaire Foundation, Taylor Institution, 1992.

2 Voltaire, *La bible enfin expliquée*, texte, édition critique par Bertram Eugene Schwarzbach, Oxford, Voltaire Foundation, 2012. Voltaire, *Dictionnaire philosophique*, (1ère édition 1764), 1769, édition de J. Benda et R. Naves, Paris, Garnier Frères, 1961.

3 *ib.*, p. 107-109, pour cette citation et les suivantes.

ment les Dieux, et non pas : Dieu créa, comme le porte la Vulgate.

« *Et Dieu dit : Que la lumière se fasse, et la lumière fut faite. Il vit que la lumière était bonne. Et il divisa la lumière des ténèbres. Il fit un soir, et un matin, qui fit un jour.* » Le commentaire de Voltaire nous rappelle quelques autres commentaires que nous avons déjà rencontrés : « *L'auteur sacré place ici la formation de la lumière quatre jours avant la formation du soleil ; mais toute l'antiquité a cru que le soleil ne produit pas la lumière, qu'il ne sert qu'à la pousser, et qu'elle est répandue dans l'espace. Descartes même fut longtemps dans cette erreur. C'est Romer le Danois, qui le premier a démontré que la lumière émane du soleil. [...] Les critiques osent dire que si Dieu avait d'abord répandu la lumière dans les airs pour être poussée par le soleil, et pour éclairer le monde, elle ne pouvait être poussée, ni éclairer, ni être séparée de ténèbres, ni faire un jour du soir au matin, avant que le soleil existât : cette théorie est contraire (disent-ils) à toute physique, et à toute raison : mais ils doivent songer que l'auteur sacré n'a pas prétendu faire un traité de philosophie et un cours de physique expérimentale. Il se conforma aux opinions de son temps, et se proportionna en tout aux esprits grossiers des Juifs pour lesquels il écrivait : sans quoi il n'aurait été entendu de personne. Il est vrai que la Genèse est encore difficile à entendre ; [...]* » Voltaire ajoute encore que ce dogme selon lequel Dieu commença par la création de la lumière est conforme à l'opinion des premiers Persans et à Zoroastre.

Voltaire revient ensuite au texte de la *Genèse* : « *Dieu dit encore : Que le ferme, le firmament soit au milieu des eaux, et qu'il sépare les eaux des eaux.* » Dans son commentaire, Voltaire précise que pour les anciens le firmament est solide, qu'ils imaginent que les cieux sont de cristal puisque la lumière passe à travers et que

« *Chaque astre était attaché à son ciel épais et transparent : mais, [commente Voltaire] comment un vaste amas d'eau pouvait-il se trouver sur ces firmaments ! Ces océans célestes auraient absorbé toute la lumière qui vient du soleil et des étoiles, et qui est réfléchie des planètes. La chose était impossible, n'importe ; on était assez ignorant pour penser que la pluie venait de ces dieux supérieurs de cette plaque, de ce firmament. C'est le sentiment d'Origène, de St Augustin, de St Cyrille, de St Ambroise, et d'un nombre considérable de docteurs. Pour avoir de la pluie il fallait que l'eau tombât du firmament. On imagina des fenêtres, des cataractes qui s'ouvraient et se fermaient.* » Inutile de dire que l'auteur de la *Genèse* ne rentre pas dans de tels détails. Il est évident que mine de rien, les commentaires de Voltaire veulent donner à penser que le récit de la *Genèse* est une fable ; n'en présente-t-il pas une, très brève à la suite, « *dans l'Amérique septentrionale les pluies étaient formées par les querelles d'un petit garçon céleste et d'une petite fille céleste, qui se disputaient une cruche remplie d'eau ; le petit garçon cassait la cruche, et il pleuvait* ». Sans transition, Voltaire passe au quatrième jour : « *Et Dieu fit deux grands luminaires, le plus grand pour présider au jour, et le petit pour présider à la nuit, et diviser la lumière des ténèbres et du jour.* »

Accompagnant ce récit des jours de la Création, avant d'arriver au septième jour, Voltaire montre que ce dogme, que Dieu commença par la création de la lumière, est entièrement conforme à l'opinion de Zoroastre et des premiers persans ; suggérant ici une source d'inspiration ; nul doute que Voltaire invite ses lecteurs à considérer la *Genèse* est un récit mythique, d'ailleurs un peu plus loin il montre qu'après avoir fait les animaux le sixième jour « *il fit l'homme à son image ; et il le fit mâle et femelle.* ». Voltaire commente cette idée encore universellement répandue en Europe « *que l'homme était formé à l'image des dieux.* » Opinion pour opinion, Voltaire souligne que l'antiquité profane « *se figurait des dieux semblables aux hommes. C'est pourquoi tant de philosophes disaient que si les chats s'étaient forgés des dieux, ils les auraient fait courir après les souris. La Genèse, en ce point comme en plusieurs autres, se conforme toujours à l'opinion vulgaire, pour être à la portée des simples.* » Après cela, comment penser que Voltaire ne range pas la *Genèse*, et la *Bible*, parmi les Mythes.

Je n'hésite pas à faire une courte digression, ici Voltaire s'amuse et discrédite un peu plus le texte que beaucoup en son temps considère comme une révélation que Dieu dicta à Moïse. « *Le Seigneur Dieu se promenait dans le jardin au vent qui souffle après midi ; et Adam et sa femme se cachèrent de la face du Seigneur Dieu, au milieu des bois du jardin. Et le Seigneur Dieu appela Adam, et lui dit : Adam, où es-tu ? Il répondit : J'ai entendu ta voix dans le paradis ; et j'ai craint, parce que j'étais nu, et je me suis caché. Et Dieu lui dit : Qui t'a appris que tu étais nu ? Il faut que tu aies mangé ce que je t'avais ordonné de ne pas manger. Et Adam dit : La femme que tu m'as donnée m'a donné du fruit du bois, et j'en ai mangé…* »[1]

Voltaire ironise : « *Il est palpable que tout ce récit est dans le style d'une histoire véritable, et non dans le goût d'une invention allégorique. On croit voir un maître puissant à qui son serviteur a désobéi : il appelle le serviteur qui se cache et qui ensuite s'excuse. Rien n'est plus simple et plus circonstancié ; tout est historique...* ».

Extrait des sentimens de Jean Meslier

En 1761-1762, Voltaire fait paraître un *Extrait des sentimens de Jean Meslier* »[2] *curé d'Etrépigny, un village*

---

1 *ib.*, p. 116, pour cette citation et la suivante.
2 *Testament de Jean Meslier,* nouvelle édition, 1762 ; Voltaire, *Extraits des sentiments de Jean Meslier*, in Voltaire, *Mélanges*,

proche de Mézières, un ouvrage que ce dernier n'a pas voulu publier de son vivant, ayant conservé son ministère jusqu'à sa mort, alors qu'il ne croyait plus au dogme de l'église ; mais, il faut bien vivre, et aussi ne pas trop chagriner ses fidèles avec la pratique religieuse, et autant que faire se peut alléger la dîme et porter secours à ceux qui sont dans le dénuement.

La critique de Meslier porte sur les textes sacrés, l'ancien et le nouveau testament qu'il ravale au rang des fables antiques :

« *Mais voyons si ces livres portent en eux-mêmes quelque caractère particulier de vérité, comme par exemple d'érudition, de sagesse & de sainteté, ou de quelques autres perfections qui ne puissent convenir qu'à un Dieu, & si les miracles qui y sont cités s'accordent avec ce que l'on devrait penser de la grandeur, de la bonté, de la justice & de la sagesse infinie d'un Dieu tout-puissant.*

Premièrement, on verra qu'il n'y a aucune érudition, aucune pensée sublime, ni aucune production qui passe les forces ordinaires de l'esprit humain. Au contraire on n'y verra, d'un côté, que des narrations fabuleuses, comme sont celles de la formation de la femme tirée d'une côte de l'homme, du prétendu paradis terrestre ; d'un serpent qui parlait, qui raisonnait, & qui était même plus rusé que l'homme ; d'une ânesse qui parlait, & qui reprenait son maître de ce qu'il la maltraitait mal à propos ; d'un déluge universel, & d'une arche où des animaux de toute espèce étaient renfermés ; de la confusion des langues & de la division des nations, sans parler de quantité d'autres vains récits particuliers sur des sujets bas & frivoles, & que des auteurs graves mépriseraient de rapporter. Toutes ces narrations n'ont pas moins l'air de fables que celles que l'on a inventées

---

préface par Emmanuel Berl, texte établi et annoté par Jacques van den Heuvel, Paris, Gallimard, la pléiade, 1961 ; p. 455-501. .

sur l'industrie de Prométhée, sur la boîte de Pandore, ou sur la guerre des géants contre les dieux, & autres semblables que les poètes ont inventées pour amuser les hommes de leur temps. »[1]

L'abbé Meslier se plaît à mettre en regard des faits miraculeux colportés par les récits mythologiques des grecs et des romains et ceux auxquels les chrétiens sont invités à croire ; ainsi pour ne nous en tenir qu'au seul Moïse : « *Si Moïse fit sortir une source d'eau vive d'un rocher en le frappant de son bâton, le cheval Pégase en fit autant, en frappant de son pied un rocher : il en sortit une fontaine.* »[2] L'abbé présente une longue liste des miracles relatés par les anciens et les catholiques ; après cette recension, il conclut : « *Voilà certainement une grande conformité des miracles de part & d'autre. Comme ce serait une grande sottise d'ajouter foi à ces prétendus miracles du paganisme, ce n'en est pas moins une d'en ajouter à ceux du Christianisme, puisqu'ils ne viennent tous que d'un même principe d'erreur.* Ce 15e Mars 1742 »[3]

Mme du Châtelet

Dans les *Doutes sur les religions révélées, adressées à Voltaire*, un ouvrage posthume, il ne paraîtra qu'en 1792, Mme du Châtelet se moque ouvertement du récit de la *Genèse* :

« *Expliquer l'écriture, la commenter, c'est faire à Dieu l'injure la plus atroce.*

Dieu se détruit lui-même dans l'écriture : il est aveugle lorsqu'il demande à Adam où il est ; il est ridicule, lorsqu'il s'entretient avec le diable sur le chapitre de Job ; il est corporel lorsqu'il a des bras, en quoi il a

---

1 *ib.*, p. 20.
2 *ib.*, p. 37.
3 *ib.*, p. 38.

trompé Tertullien, qui, sur sa parole, le croit réellement ; il est gausseur lorsqu'il gronde Adam ; il est toujours en querelle avec le diable, qu'il ne sauroit dompter : Lucifer commence d'abord par lui débaucher une partie de sa cour ; il escamote ensuite l'homme à mesure qu'il peuploit la terre : il fut question entre eux deux à qui auroit le plus d'autels ; le diable en eut incomparablement plus que Dieu ; jusques-là que de rage il noya tous les hommes pour les punir de la supériorité que son antagoniste avoit sur lui : il réserve une famille, comptant qu'elle le dédommageroit ; point du tout, le diable revient à la charge, et tous les hommes se range de son côté, jusqu'au peuple que Dieu avoit appellé, son peuple chéri, bien aimé, favori, enfin, son mignon ».[1]

Quant aux *Examens de la bible* [2] que Mme du Châtelet a écrits entre 1738 et 1745, mais qu'elle n'a pas publiés, ils sont, selon Schwarzbach, « *en rapport très étroit avec le Commentaire littéral de Dom Augustin Calmet, ouvrage d'une orthodoxie catholique redoutable. Le Commentaire est un instrument de travail pour Mme du Châtelet, et ce docte bénédictin n'est presque jamais une cible de sa moquerie, à la différence de Voltaire dans plusieurs de ses ouvrages de critique biblique, notamment Genèse du Dictionnaire philosophique* »[3].

Dès les premières lignes, le ton de la critique de *l'examen de la genèse* est donné : « *Moïse nous dépeint Dieu dans la Genèse comme un ouvrier qui fait son ouvrage pièce à pièce, qui est six jours à faire le ciel et la terre, et qui se repose le septième, comme s'il étoit las d'avoir trop bien*

---

1 Mme du Châtelet, *Doutes sur les religions révélées, adressées à Voltaire*, ouvrage posthume, Paris, 1792 ; p.26.

Voltaire, *Les honnêtetés littéraires*, Genève [éd. citée : J. Van den Heuvel (ed.), Voltaire, *Mélanges*, Paris, Gallimard, 1961 ; p. 949.

2 Mme du Châtelet, *Examens de la bible*, édités et annotés par Bertram Eugene Schwarzbach, Paris, Honoré Champion, 2011.

3 *Ib.*, préface, p. 81.

employé sa semaine. [Il] nous le représente comme capable de jalousie, de colère, de vengeance, de repentir, enfin avec tous les deffauts des hommes : Si Dieu vouloit se depeindre d'une façon sensible, il devoit du moins se peindre avec les qualités qui font respecter les hommes et non pas avec celles qui les font haïr, ou mépriser ; et qu'on ne dise pas que c'est pour se proportionner à la grossiereté des Juifs que Dieu en a usé ainsy. »[1]

Et voilà que Dieu veut bien dire aux hommes comment il a fait le ciel et la terre mais « *il la leur raconte comme s'il ne connoissoit pas luy mesme ce qu'il a fait.* » et Mme du Châtelet ajoute : « *Chaque découverte que les hommes ont faite dans la phisique et dans l'astronomie a fait apercevoir une nouvelle absurdité dans cette histoire de la création : Dieu par exemple ne met d'autre différence entre le soleil et la lune sinon qu'il appelle l'un Luminare majus et l'autre luminare minus. Cependant les enfans sçavent à présent, que la lune est un corps opaque qui souvent ne preside point à la nuit, et qui ne donne jamais d'autre lumiere que celle du soleil qu'elle nous reflechit.* »

Autre propos qui laisse à penser que Dieu ne connaissait pas la nature de la lumière : il est dit dans la Genèse : « *Dieu divise la lumière des ténébres, comme si les ténebres étoient quelque chose et qu'on put les séparer de la lumiere avec laquelle elles ne peuvent jamais être mêlées, puiqu'elles n'en sont que la privation.* »

Mme du Châtelet, ne nous dit rien sur la création d'Adam et Eve, elle note en passant que « *Dieu amena à Adam tous les animaux de la terre et du ciel afin qu'il les nommât. [...] Comme si un nom etoit originairement plus propre qu'un autre, et que toute langue ne fut pas une chose de pure convention.* »[2]

---

1 *Ib.*, p. 155-157, pour cette citation et les suivantes.
2 *Ib.*, p. 155-157, pour cette citation et les suivantes.

Et voilà qu'Adam et Eve ayant croqué au fruit défendu, sont chassés du paradis et « *condamnés à manger leur pain à la sueur de leur front.* » Mme du Châtelet commente et s'indigne que l'on puisse ajouter créance à un tel conte :

« *Jusque là Dieu s'etoit conduit avec l'homme comme un roy bizarre qui voudroit éprouver l'obëissance de ses sujets sur des choses ridicules, et qui les puniroit ensuite fort au dela de leurs crimes. Mais encore si Adam et Eve avoient été seuls punis on pouroit à toute force sauver la conduite de Dieu du reproche de malignité et d'injustice, et cette histoire ne seroit qu'un conte de vieille ridicule : mais on prétend que la race entière des hommes a été maudite pour cette faute, et que nous portons tous la peine du péché d'Adam ; mais une peine qui n'est pas moindre que notre damnation éternelle, et voilà ce qui extasie Mr Pascal ; voilà le carractere de vérité qu'il trouve dans la religion chrétienne. Voilà comment elle explique les miseres et les grandeurs de l'homme…* »[1]

Diderot, *Pensées sur l'interprétation de la nature*, 1753

Dans ses *Pensées sur l'interprétation de la nature* qu'il publie en 1753, Diderot[2] ne veut pas s'opposer de front à l'autorité royale et à l'église, aussi va-t-il, avec une grande prudence, proposer, à côté du récit mosaïque, une interprétation de l'émergence des règnes animal et végétal : « *Si la Foi ne nous apprenait que les animaux sont sortis des mains du Créateur tels que nous les voyons ; et s'il était permis d'avoir la moindre incertitude sur leur commencement et sur leur fin, le Philosophe abandonné à ses conjectures ne pourrait-il pas soupçonner que l'Animalité*

---

1 *Ib.*, p. 163.

2 Diderot, *Pensée sur l'interprétation de la nature*, 1753 ; présentation, notes, bibliographie et chronologie par Colas Duflo, Paris, GF Flammarion, 2005.

avait de toute éternité ses éléments particuliers, épars et confondus dans la masse de la matière ; qu'il est arrivé à ces éléments de se réunir, parce qu'il était possible que cela se fît ; que l'embryon formé de ces éléments a passé par une infinité d'organisations et de développements ; qu'il a eu par succession, du mouvement, de la sensation, des idées, de la pensée, de la réflexion, de la conscience, des sentiments, des passions, des signes, des gestes, des sons, des sons articulés, une langue, des lois, des sciences, et des arts ; qu'il s'est écoulé des millions d'années entre chacun de ces développements ; qu'il a peut-être encore d'autres développements à subir, et d'autres accroissements à prendre, qui nous sont inconnus ; qu'il a eu ou qu'il aura un état stationnaire ; qu'il s'éloigne ou qu'il s'éloignera de cet état par un dépérissement éternel, pendant lequel ses facultés sortiront de lui comme elles y étaient entrées ; qu'il disparaîtra pour jamais de la Nature, ou plutôt qu'il continuera d'y exister, mais sous une forme et avec des facultés tout autres que celles qu'on lui remarque dans cet instant de la durée ? La Religion nous épargne bien des écarts et bien des travaux. Si elle ne nous eût point éclairés sur l'origine du Monde et sur le système universel des êtres, combien d'hypothèses différentes que nous aurions été tentés de prendre pour le secret de la Nature ? Ces hypothèses étant toutes également fausses, nous auraient paru toutes à peu près également vraisemblables. La question, Pourquoi il existe quelque chose, est la plus embarrassante que la Philosophie pût se proposer, et il n'y a que la Révélation qui y réponde. »[1]

Bien sûr, si le lecteur se montre sceptique devant le récit attribué à Moïse, il trouvera ici des pistes de réflexions…

---

1 *Ib.*, § LVIII, Question 2, p. 114, 115.

En 1752, Diderot publie la « *Suite de l'apologie de M. l'abbé de Prades* »[1], l'abbé de Prades collaborait à l'*Encyclopédie* pour la philosophie ; il avait soutenu une thèse en Sorbonne en 1752 ; laquelle, à l'instigation des Jésuites avait été retirée ; lui reprochant « *d'avoir soutenu que l'âme n'est ni immatérielle ni immortelle, de défendre l'empirisme et le matérialisme, d'avoir mis les miracles de Jésus-Christ sur le même plan que ceux des thaumaturges de l'Antiquité* »[2]. Pour l'heure, l'abbé de Prades s'est enfui, en Prusse, en passant d'abord par la Hollande. Dans son ouvrage, Diderot plaide pour la liberté de la recherche ; il y soutient contre l'évêque d'Auxerre : « *que le physicien doit faire dans ses recherches une entière abstraction de l'existence de Dieu, poursuivre son travail en bon athée, et laisser aux prêtres le soin d'appliquer ses découvertes à la démonstration d'une providence et à l'édification des peuples ? Que dirait-il de moi, lui qui prétend que le philosophe ait sans cesse les yeux attachés sur les récits de Moïse et sur les opinions des Pères, si je lui soutenais avec le même auteur [le chancelier Bacon] que les pas que Démocrite et les autres antagonistes de la Providence faisaient dans l'investigation des effets de la nature, étaient et plus rapides et plus fermes, par la raison même qu'en bannissant de l'univers toute cause intelligente, et qu'en ne rapportant les phénomènes qu'à des causes mécaniques, leur philosophie n'en pouvait devenir que plus rationnelle ?* »[3]

Nul n'ignore qu'au terme de son parcours intellectuel Diderot fut séduit par l'athéisme…

Aux jeunes gens qui se disposent à l'étude de la philosophie naturelle, Diderot donne ce conseil : « *Aie*

1 Diderot, *Suite de l'apologie de M. l'abbé de Prades*, in Diderot, *Œuvres*, tome 1, Philosophie, Paris, Robert Laffont, 1994, p. 509-552.

2 *Ib.*, introduction de Laurent Versini, p. 512.

3 *Ib.*, p. 531.

toujours présent à l'esprit que la Nature n'est pas Dieu, qu'un homme n'est pas une machine, qu'une hypothèse n'est pas un fait ; et sois assuré que tu ne m'auras point compris, partout où tu croiras apercevoir quelque chose de contraire à ces principes »[1].

Maupertuis, *Examen philosophique de la preuve de l'existence de Dieu*

En 1754, Maupertuis publie : *Système de la nature, Essai sur la formation des corps organisés*, l'ouvrage est censé être publié à Berlin, en fait l'ouvrage fut imprimé à Paris[2].

Maupertuis est intimement persuadé que l'Univers entier est une forte preuve « *qu'une suprême Intelligence l'a ordonné & y préside.* »[3] Cependant, « *on peut dire que chaque corps organisé nous présente une preuve proportionnée d'une intelligence nécessaire pour le produire.* » Il critique le système qu'un Philosophe impie imagina et « *qu'un grand Poëte orna de toutes les richesses de son art, & que les libertins de nos jours voudroient reproduire ?* »[4] Ce grand poète, c'est Lucrèce, dont le *De Natura Rerum* n'a certes pas sombré dans l'oubli.

Selon notre auteur, la création est un miracle qui fut en un instant Cependant, il n'est pas question chez Maupertuis de remettre en cause le récit de la création : « *La Religion nous défend de croire que les corps que nous voyons doivent leur premiere origine aux seules loix de la Nature, aux propriétés de la matiere. Les divines Ecritures nous*

---

1 Diderot, *Pensée sur l'interprétation de la nature*, 1753, in *Œuvres philosophiques*, édition publiée par Michel Delon & Barbara De Negroni, *Gallimard, Bibliothèque de la Pléiade*, 2010 ; p. 283.

2 P. L. Moreau de Maupertuis, *Œuvres, II*, Hildesheim, Georg Olms, Verlags-Buchhandlung, 1965.

3 *Ib.*, § XXIX et la suivante.

4 *Ib.*, LXIII.

apprennent comment tous ces corps furent d'abord tirés du néant, & formés : & nous sommes bien éloignés d'avoir le moindre doute sur aucune des circonstances de ce récit. Nous n'userons point de la licence que plusieurs Philosophes aujourd'hui se donnent d'interpréter selon les systêmes qu'ils ont embrassés, les expressions du texte sacré, dont l'auteur, selon eux, s'est plutôt proposé de parler d'une maniere populaire, que de donner des choses un récit exact. Mais ce Monde une fois formé, par quelles loix se conserve-t-il ? quels sont les moyens que le Créateur a destinés pour reproduire les individus qui périssent ? Ici nous avons le champ libre, & nous pouvons proposer nos idées[1].

En 1745, Maupertuis publie *Vénus physique.* Au premier chapitre de cette dissertation sur la génération des animaux et de l'homme, entre autres mammifères, Maupertuis déclare sa totale adhésion au texte de la *Genèse* ; écrit-il pas : « *Sans les lumières de la Religion, par rapport à notre être ; ce temps où nous n'avons pas vécu & celui où nous ne vivrons plus, sont deux abîmes impénétrables, & dont les plus grands philosophes n'ont pas plus percé les ténèbres que le Peuple le plus grossier.* »[2]

Cette soumission à la lettre de la *Genèse* n'empêche pas Maupertuis de rechercher et d'examiner les preuves de l'existence de Dieu ; en 1757, il publie l'*Examen philosophique de la preuve de l'existence de Dieu employée dans l'essai de cosmogonie.*[3]

---

1 *Ib.*, § XXVII.

2 P. L. Moreau de Maupertuis, *Vénus physique*, in *Œuvres II,* Hildesheim, Georg Olms Verlag, 1965 ; p. 3-133; p. 5.

3 P. L. Moreau de Maupertuis, *Examen philosophique de la preuve de l'existence de Dieu employée dans l'essai de cosmogonie*, 1757 ; in *Œuvres I*, introduction de Giorgio Tonelli, Hildesheim, New York, Georg Olms Verlag, 1974 ;

Kant, *Histoire générale de la nature et Théorie du ciel*, 1755

Cet ouvrage est le premier que Kant a publié[1], il fut publié sans nom d'auteur, mais son anonymat ne dura guère, il fut révélé par un journal de Königsberg en mai 1756[2]. Alors que, selon Newton, Dieu met en place le système planétaire et intervient souvent pour en maintenir la stabilité, Kant, plus proche de Descartes, considère que « *l'ensemble des lois de la nature suffit à expliquer la marche du monde, et même sa formation, par le passage à l'ordre à partir du chaos ; [et] l'existence même des lois prouve Dieu. Ainsi l'action divine est maintenue comme cause première d'un univers mécaniquement expliqué [...]* »[3] et les preuves de l'existence de Dieu sont tirées de l'existence et de l'ordre de l'univers. Nous sommes loin du récit de *Genèse* !

Condillac, *Traité des animaux*, 1755

Etienne Bonnot, Abbé de Condillac, publie le *Traité des sensations* en 1754, le thème de ce traité se prête peu à aborder l'énigme de la création du monde, mais il est amené à l'effleurer dans son *Traité des animaux*[4].

Condillac voit la cause première de l'univers en Dieu : « *Quoi ! Je dépendrois uniquement des objets qui agissent immédiatement sur moi ! Ne vois-je donc pas qu'à leur*

---

1 Kant, *Histoire générale de la nature et théorie du ciel*, [extraits], Textes traduits et annotés par François Marty, in *Œuvres philosophiques*, tome 1, Paris, La Pléiade, Gallimard 1980.

2 La première édition de la *Critique de la raison pure* paraîtra en 1781, l'ouvrage est le fruit d'une lente évolution de la pensée kantienne, aussi serait-il inutile de tenter d'établir une quelconque correspondance entre ces deux œuvres.

3 Kant, *Histoire générale de la nature et théorie du ciel*, introduction, p. 6.

4 Condillac, *Traité des sensations* (1754), *Traité des animaux* (1755), Paris, Fayard, Corpus, 1984.

tour ils obéissent à l'action de tout ce qui les environne ? L'air m'est salutaire ou nuisible par les exhalaisons qu'il reçoit de la terre. Mais quelle vapeur celle-ci feroit-elle sortir de son sein, si elle n'étoit pas échauffée par le soleil ? Quelle cause a, de ce dernier, fait un corps tout en feu ? Cette cause en rencontra-t-elle une autre ? Ou, pour ne m'arrêter nulle part, admettrai-je une progression d'effets à l'infini sans une première cause ? Il y auroit donc proprement une infinité d'effets sans cause : évidente contradiction ! »[1]

A la suite de tels propos, Condillac conclut « *que le principe qui arrange toutes choses est le même que celui qui donne l'existence. Voilà la création. Elle n'est à notre égard que l'action d'un premier principe, par laquelle les êtres, de non-existans, deviennent existans. Nous ne saurions nous en faire une idée plus parfaite ; mais ce n'est pas une raison pour la nier, comme quelques philosophes l'ont prétendu.* »[2] Ainsi existe-t-il un premier principe, et, ce premier principe, c'est Dieu. Le Dieu des philosophes et des savants, celui de Condillac. Ici encore, sommes-nous loin du récit de *Genèse* !

D'Alembert, *Essai sur les éléments de philosophie ou sur les principes des connaissances humaines*, 1759

Dans cet ouvrage[3], d'Alembert fait une distinction nette entre les objets de la philosophie et ceux de la religion révélée : « *Puisque la Philosophie embrasse tout ce qui est du ressort de la raison, et que la raison étend plus ou moins son empire sur tous les objets de nos connoissances naturelles, il s'ensuit qu'on ne doit exclure des Elémens*

1 *Ib.*, p. 385, 386.
2 *Ib.*, p. 387.
3 D'Alembert, *Essai sur les éléments de philosophie ou sur les principes des connaissances humaines*, 1759 ; texte revu par Catherine Kintzler, Paris, Fayard, Corpus, 1986.

de Philosophie qu'un seul genre de connoissances, celles qui tiennent à la Religion révélée. Elles sont absolument étrangeres aux Sciences humaines par leur objet, par leur caractere, par l'espece même de conviction qu'elles produisent en nous. Plus faites, comme l'a remarqué Pascal, pour le cœur que pour l'esprit, elles ne répandent la lumiere vive qui leur est propre que dans une ame déjà préparée par l'opération divine ; la Foi est une espece de sixieme sens que le Créateur accorde ou refuse à son gré ; et autant que les vérités sublimes de la Religion sont élevées au-dessus des vérités arides et spéculatives des Sciences humaines, autant le sens intérieur et surnaturel par lequel des hommes choisis saisissent ces premieres vérités, est au-dessus du sens grossier et vulgaire par lequel tout homme apperçoit les secondes. »[1]

Ainsi, d'Alembert, rompt-il avec les ouvrages de théologie des sciences de la nature qui avaient un grand succès dans la première moitié de son siècle, et plaide-t-il, fort astucieusement en glorifiant hypocritement, le mysticisme chrétien, pour la liberté de penser dans les sciences humaines, lesquelles, en son temps, désignent les sciences physiques et naturelles. Et établit-il une séparation nette entre les sciences et la religion, ce qui n'était pas le cas pour des auteurs comme l'abbé Pluche et quelques autres en son temps.

Plus loin dans le même ouvrage, d'Alembert revient sur l'idée de Dieu : « *Ceux qui regardent nos sensations comme une preuve démonstrative de l'existence des objets, prétendent que Dieu nous tromperoit si nos sensations ne nous représentoient que des êtres fantastiques. Ces Philosophes en raisonnant ainsi, tombent dans deux inconvéniens. Le premier est de prouver une vérité directe et primitive par une vérité réfléchie, l'existence des corps par celle de Dieu ; tandis*

1 *Ib.*, p. 21.

que c'est au contraire dans l'existence des corps qu'il faut chercher les preuves de l'existence de Dieu les plus solides, celles que toutes les écoles de Philosophie ont généralement admises. Le second inconvénient est de croire pouvoir convaincre par le raisonnement un Philosophe opiniâtre, que Dieu le tromperoit s'il n'y avoit point de corps. »[1]

Discours préliminaire de l'Encyclopédie, 1759

Ce discours[2] est signé de Diderot et de d'Alembert pour la partie mathématique. Il va de soi que l'auteur de ce discours ne peut ignorer la théologie : « *La science de Dieu appelée Théologie a deux branches : la Théologie naturelle n'a de connaissance de Dieu que celle que produit la raison seule, connaissance qui n'est pas d'une fort grande étendue ; la Théologie révélée, tire de l'histoire sacrée une connaissance beaucoup plus parfaite de cet Etre. [...] la Théologie révélée n'est autre chose que la raison appliquée aux faits révélée.* »[3] L'article *Théocratie* donne ici un exemple de la manière d'aborder le fait religieux dans l'Encyclopédie.

D'un article de l'*Encyclopédie* signé du Baron d'Holbach

Dans l'*Encyclopédie* de Diderot et d'Alembert, nous retiendrons l'article « *Théocratie* »[4], cet article est anonyme mais il est authentifié du baron d'Holbach, un

1 *Ib.*, p. 42, 43.

2 D'Alembert, *Discours préliminaire de l'Encyclopédie, publié intégralement d'après l'édition de 1763* par F. Picavet, Paris, Vrin-reprise, 1984, *Ib.*, p. 42, 43.

3 *Ib.*, p. 67.

4 *Encyclopédie*, tome 16, date 1751, p. 246-248 ; voir aussi, Véronique Le Ru, *Subversives Lumières, L'Encyclopédie comme machine de guerre*, Paris, 2007 ; CNRS Editions, p. 42-45, pour les citations suivantes.

auteur que nous rencontrons ailleurs dans cet ouvrage. Après avoir donné la définition d'un gouvernement théocratique, « *un gouvernement dans lequel une nation est soumise immédiatement à Dieu, qui exerce sa souveraineté sur elle, & lui fait connoître ses volontés par l'organe des prophêtes & des ministres à qui il lui plaît de se manifester.* » Cet article fait référence à Moïse et la nation des Hébreux qui « *nous fournit le seul exemple d'une vraie théocratie. Ce peuple dont Dieu avoit fait son héritage, gémissoit depuis long-tems sous la tyrannie des Egyptiens, lorsque l'éternel se souvenant de ses promesses, résolut de briser ses liens, & de le mettre en possession de la terre qu'il lui avoit destinée. Il suscita pour sa délivrance un prophête, à qui il communiqua ses volontés ; ce fut Moïse, Dieu le choisit pour être le libérateur de son peuple ; & pour lui prescrire des loix dont lui-même étoit l'auteur. Moïse ne fut que l'organe & l'interprête des volontés du ciel, il étoit le ministre de Dieu, qui s'étoit reservé la souveraineté sur les Israélites ; ce prophête leur prescrivit en son nom, le culte qu'ils devoient suivre, & les loix qu'ils devoient observer.* »

Qu'on ne s'y trompe pas, si Moïse est cité au début de cet article, c'est pour éviter qu'on ne le cite pour réfuter les propos qui suivent : « *Quoique les Israélites soient le seul peuple qui nous fournisse l'exemple d'une vraie théocratie, on a vû cependant des imposteurs, qui, sans avoir la mission de Moïse, ont établi sur des peuples ignorans & séduits, un empire qu'ils leur persuadoient être celui de la Divinité.* » Sont cités les arabes, les éthiopiens, les égyptiens, les japonais ; « *en un mot, il n'est guere de pays où le sacerdoce n'ait fait des efforts pour établir son autorité sur les ames & sur les corps des hommes.*

Quoique Jésus-Christ ait déclaré que son royaume n'est pas de ce monde ; dans des siecles d'ignorance, on a vû des pontifes chrétiens s'efforcer d'établir leur puissance sur les ruines de celle des rois ; ils prétendoient disposer des couronnes avec une autorité qui n'appartient qu'au souverain de l'univers. Telles ont été les prétentions & les maximes des Grégoire VII, des Boniface VIII & de tant d'autres pontifes romains, qui profitant de l'imbécillité superstitieuse des peuples, les ont armés contre leurs souverains naturels, & ont couvert l'Europe de carnage & d'horreurs ; c'est sur les cadavres sanglans de plusieurs millions de chrétiens que les représentans du Dieu de paix ont élevé l'édifice d'une puissance chimérique, dont les hommes ont été long-tems les tristes jouets & les malheureuses victimes. »

Guyon Claude-Marie, *L'oracle des nouveaux philosophes pour servir de suite et d'éclaircissement aux œuvres de M. de Voltaire*, 1759

Pour l'abbé Guyon, qui publie en Suisse, sans nom d'auteur, *l'oracle des nouveaux philosophes*, c'est Voltaire[1]. Ce que l'abbé reproche, entre de multiples autres choses, à Voltaire, c'est son estimation de l'ancienneté du monde, lequel privilégie la chronologie des chinois et ne compte pour rien le récit de la Genèse. Citons l'abbé : « *... il y avoit dans ce Païs [la Chine] un très-savant Empereur nommé Hiao, qui réforma l'Astronomie... Il étoit donc monté sur le Trône en 2385 avant notre Ere, 37 ans avant le Déluge. Mais sa gloire ni ses observations n'en furent point troublées, puisqu'il régna 80 ans ; par conséquent pendant le Déluge, & encore 43 ans après. Son habileté dans l'Astronomie, remarquez-vous judicieusement, prouve qu'il étoit né chez une Nation déjà très-policée. [...]*

Avant lui, cet auguste Trône avoit été dignement ocupé par six autres Rois, qui jouirent agréablement de la vie,

1 Anonyme, *L'oracle des nouveaux philosophes pour servir de suite et d'éclaircissement aux œuvres de M. de Voltaire*, Berne, 1759.

chacun environ 900 ans, comme on vivoit avant le Déluge. Voilà une belle suite de Rois, non interompue peut-être de 6000 ans avant l'Ere chrétienne. Cela mérite bien d'être remarqué ; parce, du commencement de notre Ere jusqu'à la Création du monde, on ne compte que 4004 ans. Qu'importe ; vous assurez fermement que l'Histoire des Chinois est incontestable, comme fondée sur des observations célestes, & sur la Chronologie la plus sûre. »[1]

Anonyme, *De la nature*, (1761, 1763)[2] cet ouvrage, qui fut attribué tout à tour à Helvétius, à Voltaire et à Diderot, est de Jean-Baptiste-René Robinet.

L'ouvrage, publié à Amsterdam suppose que Dieu, « *Etre complet enserre dans le vaste contour de son immensité toutes les existances actuelles ou possibles ; quoique celui-là seul soit réellement & en vérité, qui est indépendamment & nécessairement ; quoique tout soit dans lui & qu'il ait droit de s'attribuer tout l'Etre, cependant quelle absurdité de vouloir que la raison de l'homme, l'instinct du chien, la rapidité du cerf, la splendeur du Soleil soient véritablement des partie détachées de sa substance, hors de laquelle rien ne peut exister ! Disons plutôt qu'il donna la vie & la forme à ses conceptions éternelles, c'est-à-dire qu'il créa le Monde & ses propriétés. Il ne les tira point de lui, ni d'ailleurs. Elles n'étoient nulle part. Il voulut qu'elles fussent ; il dit & elles furent.*

Or dans ce systême-là même le résultat de la création n'est encore qu'un composé de biens & de maux, avec un équilibre précis des uns & des autres. La puissance créatrice en prenant tout son essor, ne fera jamais rien

1 *Ib.*, 328, 329.
2 Anonyme, *De la nature*, Amsterdam, chez E. van Harrevelt, tome 1, 1761, tome 2, 1763.

d'infini. Ses productions ont toujours des bornes, qui sont pour elles une source nécessaire de vice ; & ce vice attaque les essences créées dans toutes leurs qualités & dans tous les degrés de celles-ci : en sorte qu'il n'en est pas un qui ne porte avec soi sa dose d'imperfection. » Ses propos, notre auteur les appuie sur le texte de l'Ancien Testament : *« Moyse commandé de Dieu pour briser les fers de son peuple, qui gémissoit dans l'esclavage, lui dit : Seigneur, ils me demanderont qui m'a envoyé vers eux, & je leur repondrai que c'est le Dieu de leurs peres ; mais s'ils insistent, & qu'ils demandent ton nom, que leur repondrai-je ? Prophete, lui dit le Seigneur ou plutôt le Ministre céleste qui tenoit sa place, tu diras aux enfans d'Iraël : CELUI QUI EST m'a envoyé vers vous ; car voilà mon nom ; il est éternel, & je veux qu'il me serve de mémorial de génération en génération. En effet lorsqu'il parloit ainsi au libérateur des Hébreux, il avoit creusé les abimes & élevé les montagnes, les astres brilloient au firmament, la terre étoit peuplée d'animaux. Cependant Dieu s'approprie à lui seul, le nom d'Etre à l'exclusion de tout le reste. »*[1]

L'antiquité dévoilée par ses usages de feu M. Boulanger[2] paraît en 1766 chez Marc Michel Rey, un éditeur d'Amsterdam qui contribua beaucoup à la diffusion des idées des Lumières en France. Cet ouvrage ne passa pas la censure de la Chancellerie, aussi fut-il l'objet dans le royaume d'une diffusion, discrète mais efficace.

Quant à l'auteur supposé de cet ouvrage - nombreux sont les lecteurs qui y virent, à juste titre, la patte du baron d'Holbach - il est à l'abri des tribunaux de l'église, l'ouvrage qui lui est attribué est posthume, et s'il était de

1 *Ib.*, p. 37, 38.
2 *L'antiquité dévoilée par ses usages de feu M. Boulanger*, Amsterdam, Marc Michel Rey, 1766.

quelque autre, ce dernier ne craindrait pas les foudres d'un tribunal ecclésiastique ou du Parlement.

Boulanger mourut le 16 septembre 1759 ; il avait 37 ans. « *Mais,* [écrit le préfacier de cet ouvrage] *consolons-nous : si une mort prématurée l'a ravi aux lettres & à la philosophie, qui l'honoroit, elle l'a ravi aussi à la fureur des intolérans qui l'attendoit ; l'imprudence qu'il avoit eue de répandre quelques exemplaires manuscrits de son Despotisme oriental, c'était le dernier chapitre de cet ouvrage, auroit infailliblement disposé du repos de ses jours, & nous aurions vu l'ami de l'homme et la vérité fuyant de contrée en contrée devant les prêtres du mensonge à qui il ne reste qu'a frémir de rage autour de sa tombe.* » [*Extrait d'une lettre écrite à l'Editeur sur la vie & les ouvrages de l'Auteur*, mis en préface à l'ouvrage[1].]

---

1 Nicolas-Antoine Boulanger est né à Paris en novembre 1722, il fit ses humanités au Collège de Beauvais (à Paris). En 1732, il entreprit des études de mathématiques et d'architecture. En 1743 et 1744, il accompagna le baron Thiers à l'armée en qualité d'Ingénieur et ce, jusqu'au siège de Fribourg. Il entra aux Ponts et Chaussées en 1745 et effectua divers travaux publics en Champagne, en Lorraine et en Bourgogne et entre autre, « *il construisit le Pont de Vaucouleurs sur le passage de France en Lorraine ; il fut interrompu dans la conduite de celui de Foulain près de Langres par une maladie grave qui le relégua & le retint, une saison entière, à Châlons sur Marne. Il vint ensuite dans sa famille à Paris afin d'assurer sa convalescence et sa guérison et fut ensuite envoyé en Touraine. Il fut ensuite nommé dans la généralité des Ponts et Chaussées de Paris en 1751, il avait en 1749 obtenu son grade de sous ingénieur. En 1755, il fut employé sur la route d'Orléans, mais de santé fragile, il dut, en 1758, sollicité sa retraite, qui lui fut accordé avec un brevet d'ingénieur. Outre cet ouvrage, il écrivit trois articles pour l'Encyclopédie : Déluge, Corvée et Société. Il mourut le 16 septembre 1759, il avait 37 ans.* » Sans doute, est-ce parce que la vie de cet auteur fut très différente de celle des écrivains de ce siècle que son préfacier la présente aussi précisément et nous à sa suite…

Au livre sixième de *L'Antiquité dévoilée*, Boulanger brosse le « *Tableau des effets physiques et moraux du Déluge, ou de la révolution universelle qui a changé la face primitive de notre Globe, & des effets physiques qu'elle a produits sur la terre.* »

Boulanger ne conteste pas ce terrible évènement, considérant que sa mémoire est conservée dans toutes les nations du monde et que « *le naturaliste trouve ses ravages écrits en caractères lisibles & inéffables sur toutes les parties de notre globe* »[1]. Il relève que « *Ovide et Sénèque nous peignent le tableau physique et moral du déluge : ils nous représentent les hommes assemblés aux sommets des montagnes, timides, éperdus, stupides & devenus insensibles à force de calamités.* »[2]

Ainsi la particularité du récit de la *Genèse* est-elle gommée, et ce récit n'est-il plus qu'un récit parmi tant d'autres, et Dieu n'y a-t-il aucun rôle…

Aussi reste-t-il à s'interroger sur le déluge et ses causes, mais ce n'est guère le rôle des prêtres d'en parler, mais celui des physiciens.

Sur les causes du déluge, seuls les physiciens pourraient nous en instruire, mais ils n'en sont encore qu'à considérer diverses possibilités : « *Les Physiciens s'étendent, s'ils veulent, sur les causes qui ont pu produire le dérangement du jour & couvrir la terre de ténèbres. Ils décideront si ces causes étoient au-dedans de notre globe ou hors de lui. Les seuls nuages de notre athmosphères ont-ils suffi pour produire une obscurité totale ? Y a-t-il eu quelques suspensions dans les révolutions journalières de la terre ? Le soleil se seroit-il alors entiérement couvert de ces taches qui lui sont ordinaires, & ont-elles formé une croûte qui déroba totalement sa lumière ? Enfin la queue*

1 *L'antiquité dévoilée par ses usages de feu M. Boulanger,* op. cit., p. p. 365.
2 *Ib.*, p. 368, 369.

ténébreuse de quelque comete a-t-elle enveloppé la terre ? & le déluge n'a-t-il été la suite d'une révolution qui s'est fait sentir dans tout le système de l'univers ? Tous ces sentimens ont quelque chose de plausible ; mais il y auroit de l'imprudence à rien assurer positivement. »[1]

Sur les évènements et sur les effets du déluge sur la terre, Boulanger emprunte au récit de Moïse, mais aussi, nous l'avons vu, à Ovide et à Sénèque. Aussi n'est-ce pas Noé et sa seule famille qui furent sauvés du déluge.

Quant à la terre d'avant le déluge, Boulanger nous en montre certains restes encore visibles : « *S'il existe quelques portions de la première terre, on y découvre encore de nos jours les restes de ces anciennes productions ; on y trouve des forêts renversées & enfouies, dont la résine et le bitume devenus solides forment les mines de charbon de terre, on y voit dans les couches de limon durci qui les couvrent des empruntes de végétaux souvent parfaitement reconnaissables ; & dans d'autres nous trouvons les restes de créatures animées qui furent alors ensevelies sous des couches immenses de boue, de fange, de sable, où ils nous attestent la catastrophe terrible qui a porté dans la terre ce qui étoit jadis à sa surface.* »[2]

Boulanger fait appel au bon sens pour critiquer le déluge décrit par la Bible : « *Rien n'est plus singulier que les sentimens étranges, extrêmes & dénués de vraisemblance que l'on a eu sur le déluge ; les uns n'ont vu que des eaux qui se sont accumulées en peu de mois au point d'envelopper la terre entière d'une mer universelle, dans laquelle on ne voyoit plus ni la moindre île, ni le plus petit rocher, ni le moindre sommet de montagne. Un déluge universel conçu de cette façon, porte nécessairement avec lui l'idée d'une destruction universelle pour toutes les*

1 *Ib.*, p. 366.
2 *Ib.*, p. 369.

créatures ; mais ceux qui l'ont ainsi imaginé ne se sont point embarassés de chercher d'où ils pouvoient faire venir un volume d'eau assez énorme pour submerger à la fin toutes les parties d'un globe tel que celui de la terre, ils ne se sont pas plus occupés du soin de faire disparoître cette masse d'eau. »[1]

De la *Théologie portative* de l'Abbé Bernier,

Contrairement à ce que laisse supposer son titre, l'ouvrage de l'abbé Bernier, *Théologie portative ou Dictionnaire abrégé de la Religion Chrétienne*[2], publié en 1768, est une critique incendiaire de la religion. Le récit de la *Genèse* est objet de plaisanterie dans l'article *Questions théologiques* : « *C'est une question [théologique de la dernière importance] de savoir si Adam avoit un nombril ? Si la pomme qu'il a mangé étoit de Calleville ou de Reinette ?* »

On y apprend d'Adam, qui est le premier homme, que « *Dieu en fit un grand nigaud, qui pour complaire à sa femme, eut la bêtise de mordre dans une pomme, que ses descendans n'ont point encore pû digérer* » (art. *Adam*).

Quant à la date de la création du monde, l'article *Chronologie* ne nous l'apprendra guère : « *L'Esprit Saint a fixé dans la Bible l'époque précise de la création du monde, mais l'Esprit-Saint n'est pas d'accord avec lui-même sur cette époque quand il parle en Hébreu, en Grec ou en Latin ; il l'a fait tout exprès pour exercer notre foi & pour amuser Messieurs Souciet & Newton.* » Quant à la création elle-même, elle est un : « *Acte incompréhensible de la toute puissance divine qui de rien a fait tout & que nous voyons. Les Athées nient la possibilité du fait, mais ils manquent de foi ; les Théologiens leur prouveront que*

1 *Ib.*, p. 372.
2 L'abbé Bernier, *Théologie portative ou Dictionnaire abrégé de la Religion Chrétienne*, Londres, 1768.

des riens suffisent pour mettre l'Univers en combustion ; l'Eglise leur fera voir qu'avec rien on peut faire de l'or & de l'argent. D'où l'on voit que les Prêtres du Très-Haut partagent avec lui le pouvoir de créer ; personne n'ignore que le Prêtre Needham fait créer des Anguilles. » (art. *Création*).

Cet ouvrage est aussi une attaque féroce de la religion et de ses prêtres.

Quant à l'article *Ecriture sainte,* il est une des multiples occasions de s'en prendre au clergé : « *C'est la même chose que la Bible. C'est un Recueil descendu du Ciel tout exprès pour que les Prêtres y trouvassent tout ce qu'ils avoient besoin d'y trouver. L'Ecriture Sainte renferme tout ce qu'un Chrétien doit faire & croire, pour peu qu'il y joigne seulement un million de volumes de Commentaires, de Syllogismes, de Casuistes & de Théologiens.* »

L'article *Evangile* est dans le même esprit : « *Evangile. Signifie bonne nouvelle. La bonne nouvelle que l'Evangile des Chrétiens est venu leur annoncer, c'est que leur Dieu est très colere, qu'il destine le plus grand nombre d'entre eux à des flammes éternelles, que leur bonheur dépend de leur sainte bêtise, de leur sainte crédulité, de leur sainte déraison, du mal qu'ils se feront, de leur haine pour eux-mêmes, de leurs opinions inintelligibles, de leur zèle, de leur antipathie pour tous ceux qui ne penseront ou qui ne feront pas comme eux. Telles sont les nouvelles intéressantes que la Divinité, par une tendresse spéciale est venue annoncer à la terre ; elles ont tellement égayé le genre humain que depuis l'arrivée du coursier qui est venu les apporter de là-haut, il n'a fait que trembler, que pleurer, que se quereller & se battre.* »

Il montre le même humour féroce lorsqu'il donne la définition de la philosophie à laquelle il adhère :

« Pirrhonisme : Système odieux de Philosophie qui pousse la témérité jusqu'à douter de tout, & même de la bonne foi des Prêtres & des lumières surnaturelles des Théologiens, qui jamais ne doutent de rien. »

Le Marquis d'Argens, *La philosophie du bon-sens, 1768.*

L'auteur accumule les invraisemblances du texte de la *Genèse* en prenant le prétexte de les justifier : « *L'Histoire des premiers siecles est si obscure, ce qui en est parvenu à nous est si peu de chose, & est si mêlé de tant de fables, que la raison dément évidemment, qu'on ne peut, lorsqu'on veut faire usage de la lumiere naturelle, recevoir pour vrai les trois quarts des faits qu'on en rapporte. Nous n'avons, jusqu'au déluge, aucune idée de ce qui est arrivé, que dans les Livres de Moyse ; car si nous voulions consulter les autres Historiens qui peuvent nous instruire des temps plus éloignés, & si nous nous arrêtions aux Annales des Chinois ou des Egyptiens, nous serions obligés de rejetter la Genese comme un Livre apocryphe, puisque les Ecrivains de cette Nation font remonter les commencements de leur Histoire à plusieurs milliers d'années avant la création du Monde. La Foi & la Religion nous obligent à ne point approfondir cette question : ainsi de ce qui s'est passé avant le Déluge, nous ne savons que ce que Moyse nous en a appris, & qui n'est pas bien considérable. Parle-t-il de la création de l'homme, parle-t-il de la formation d'un peuple, c'est toujours par rapport aux Juifs. Il omet, & ne fait aucune mention de ce qui ne sert point à illustrer sa nation ; il ne marque rien des premiers Egyptiens, des Ethiopiens & des Chinois. Nous avons cependant des fragments de leur*

Histoire, qui n'ont pas été inventés après coup, & dont la vérité est authentique [...] »[1]

Selon notre auteur, il convient d'examiner la crédibilité du récit de la *Genèse*, d'abord l'histoire depuis la création du monde jusqu'au déluge est très brève et « *nous laisse même plus de doute que de certitude : nous n'avons guere plus de secours pour savoir ce qui s'est passé les deux premiers siecles après le Déluge.* »[2] Là commence la liste des incohérences de ce récit : « *Les trois enfants de Noé sont la source commune de toute l'humanité, ou du moins l'assure-t-on ainsi ; & cependant ces Empires, & ces grandes peuplades que nous découvrons peu de temps après le Déluge, semblent s'opposer à cette croyance. La seule soumission que nous devons aux Livres Saints, peut autoriser cette opinion, qui s'accorde peu avec la raison.* » Enfin, l'auteur affirme que « *la possibilité Physique d'un déluge universel dans l'état présent de la terre, forme une seconde difficulté qui n'est pas moins considérable, que la prompte multiplication [de population] qu'on soutient s'être faite après cette inondation* », c'est l'énorme quantité d'eau que Dieu dut créer pour ce faire et qu'il dut anéantir ensuite. Enfin l'histoire des nations, celles que les fils de Noé se partagèrent après le déluge, est contraire à cette inondation générale de toute la terre.

Charles Bonnet, ***La palingénésie philosophique*** **(1769)**

En 1769, Charles Bonnet, un naturaliste genevois, publie *La palingénésie philosophique ou idées sur les états*

---

1 Le Marquis d'Argens, *La Philosophie du bon sens ou Réflexions philosophiques sur l'incertitude des Connoissances Humaines, , corrigée & augmentée considérablement par l'auteur avec un examen critique des remarques de M. l'Abbé d'Olivet,* 3 volumes, La Haye, chez Pierre Paupie, 1768, tome 1, p. 52-55.

2 *Ib.*, p. 56-59, pour cette citation et les suivantes.

passés et sur l'état futur des êtres vivants[1]. Cet ouvrage est un précis de ses recherches sur le christianisme, mais ce sont ses propos sur la création qui nous intéressent : « *Quand je cherche à me faire les plus hautes Idées du Grand Auteur de l'Univers, je ne conçois rien de plus sublime & de plus digne de cet Etre Adorable, que de penser qu'Il a tout préordonné par un Acte unique de sa Volonté, & qu'il n'est proprement qu'un seul Miracle, qui a enveloppé la Suite immense des Choses ordinaires, & la Suite beaucoup moins nombreuse des Choses extraordinaires : ce grand Miracle, ce Miracle incompréhensible peut-être pour toutes les Intelligences finies, est celui de la Création. Dieu a voulu, & l'Universalité des Choses a reçu l'Etre. Les Choses successives soit ordinaires, soit extraordinaires pré-éxistoient donc dès le commencement à leur apparition, & toutes celles qui apparoîtront dans la Durée des Siècles & dans l'Eternité même, existent déjà dans cette Prédétermination universelle qui embrasse le Temps & l'Eternité.* »[2]

Ainsi tout ce qui est, existe éternellement.

Nous sommes loin du récit de la *Genèse* ; faut-il penser que notre auteur prend ses distances avec l'enseignement des églises catholiques et protestantes, la suite de l'ouvrage nous en dissuade, notre auteur pense que les *Evangiles* sont là pour valider ses élucubrations et nous en persuader.

« *Mais pour que l'homme soit persuadé, il fallait lui donner de fortes preuves de cet état futur, aussi la Souveraine Sagesse, lui envoya-t-elle un envoyé, né du sein d'une Vierge, ayant mission de nous assurer de l'immortalité de l'âme* »[3]. Et notre auteur de citer la

1 Bonnet, *La palingénésie philosophique*, 2 volumes, Genève, chez Claude Philibert & Barthelemi Chirol, 1769.

2 *Ib.*, p. 193, 194.

3 *Ib.*, p. 198 pour cette citation et la suivante.

résurrection de Lazare, un évènement qui met en évidence : « *l'obéissance de la Nature plus frappante, & la Mission de l'Envoyé plus authentique.* »

Plus loin dans cet ouvrage, celui qu'il a désigné jusqu'à présent comme le grand auteur de l'univers, est nommé Dieu, auteur de l'ordre physique, il détermine (1) le cours ordinaire de la nature, ct (2) les évènements extraordinaires, les miracles. Dans la suite de l'ouvrage, la vie et la passion de l'Envoyé sont relatées sans que celui-ci soit nommé, alors que quelques notes de bas de page renvoient au texte des *Evangiles*, et que le récit suit fidèlement le récit de la vie et de la passion de Jésus, un récit connu de tous à cette époque.

Bonnet soulève l'objection que les incroyants peuvent faire au récit des *Evangiles* : « *Objecterai-je, que la Résurrection de l'Envoyé n'a pas été assez publique, & qu'il auroit dû se montrer à la Capitale, & sur-tout à ses Juges après la Résurrection ? Je verrai d'abord que la Question n'est point du tout de sçavoir ce que Dieu auroit pu faire ; mais, qu'elle git uniquement à savoir ce qu'IL a fait. C'étoit à l'Homme intelligent, à l'Homme moral que Dieu vouloit parler : Il ne voulait pas le forcer à croire, & laisser ainsi l'Intelligence sans éxercice.* »[1] Je doute fort que ce discours soit propre à convaincre les incroyants.

Euler, et la création du monde

En 1775, Euler publie les *Lettres à une princesse d'Allemagne*[2] ; en lisant la lettre du 17 Juin 1760, nous pouvons penser qu'Adam et Eve ont vécu les premières années de leur vie sous un ciel sans étoile. Voyons d'où je tire ce renseignement.

---

1 *Ib.*, p. 301, 302.

2 Euler, *Lettres à une princesse d'Allemagne sur divers sujets de physique et de philosophie*, Genève, Barthelemi Chirol, 1775, 3 tomes.

Selon Euler, le monde entier, la terre, la lune, le soleil, tout le système solaire, et toutes les étoiles, baigne dans une matière subtile, l'éther. Et *« la propagation de la lumière par l'éther, [...] se fait d'une manière semblable à celle du son par l'air ; & ainsi que l'ébranlement causé dans les particules de l'air constitue le son, de même l'ébranlement des particules de l'éther constitue la lumière que les rayons de la lumière, en sorte que la lumière n'est autre chose, qu'une agitation soit l'ébranlement, causé dans les particules de l'éther, qui se trouve partout, à cause de l'extrême subtilité avec laquelle il pénètre tous les corps. »*[1] Ainsi, la lumière du soleil nous parvient en 8 minutes…

Il s'ensuit : si au commencement du monde, les étoiles ont été créées en même temps qu'Adam, « *[il] n'aura pu voir les plus proches qu'au bout de six ans, & les plus éloignées, au bout d'un tems proportionné avant de les découvrir.* » Euler en déduit : « *Donc si Dieu avoit créé en même tems des étoiles encore mille fois plus éloignées, nous ne les verrions pas encore, quelques brillantes qu'elles puissent être, puisqu'il ne s'est pas encore écoulé 6000 ans depuis la création.* »

Notons que tout de ce qu'Euler dit sur le monde, n'a besoin d'être remis en cause : « *Il faut [...] observer que les étoiles fixes sont des corps entièrement semblables au soleil, et lumineux d'eux-mêmes, éloignés du soleil & entr'eux par des distances prodigieuses, & dont chacun peut être de la même grandeur que le soleil [...] l'étoile fixe la plus proche de nous, est au moins 400.000 fois plus éloignée que le soleil. Chaque étoile fixe semble être destinée à échauffer & éclairer un certain nombre de corps opaques, semblables à notre terre, & sans-doute aussi habités qui se trouvent dans son voisinage, mais que*

---

1 *Ib.*, tome 1, lettre XX, 17 juin 1760 ; p. 76-80 ; pour cette citation et la suivante.

nous ne voyons point à cause de leur prodigieux éloignement. »[1]

La Genèse dans l'Encyclopédie de Diderot & d'Alembert

L'auteur de l'article *Genèse* dans le tome 7 de l'*Encyclopédie* publié en novembre 1757 est très bref. Il est d'Edme-François Mallet, et il n'incline pas au moindre commentaire : « *Premier livre de l'Ancien Testament où la création et l'histoire des premiers patriarches est écrite. Le livre de la Genèse est à la tête du Pentateuque, et Moyse en est l'auteur. Quelques uns croient qu'il l'a écrit avant la sortie d'Egypte ; mais il est plus vraisemblable qu'il l'a composé depuis la promulgation de la loi. Il comprend l'histoire de 2369 ans ou environ, qui s'étendent depuis le commencement du monde jusqu'à la mort de Joseph. Il est défendu chez les Juifs de lire les premiers chapitres de la Genèse et ceux d'Ezéchiel avant l'âge de trente ans.* »

Buffon, Histoire et théorie de la Terre & Les époques de la nature

Buffon est né la même année que Linné, mais tout deux vivent dans des univers intellectuels différents : Buffon ne peut admettre ni la classification des êtres vivants de Linné qu'il juge arbitraire, ni son approche des textes sacrés, il considère en effet que : « *Tout dans le récit de Moïse est mis à la portée de l'intelligence du peuple ; tout y est présenté relativement à l'homme vulgaire auquel il ne s'agissait pas de démontrer le vrai système du monde, mais qu'il suffisait d'instruire de ce qu'il devait au Créateur, en lui montrant les effets de sa toute puissance*

---

1 *Ib.*, tome 1, lettre LIX, 17 septembre 1760 ; p. 226, 227.

comme autant de bienfaits, les vérités de la nature ne devant paraître qu'avec le temps[1] ».

Buffon est l'intendant du Jardin et du Cabinet du Roy, ce n'est pas une fonction qui permette sans risque de contredire les croyances religieuses du temps ; aussi nous ne nous étonnerons pas de constater que notre savant s'évertue à concilier son histoire du monde avec le texte de la *Genèse*. Lorsqu'en 1749, Buffon publie son *Histoire et théorie de la terre*, il est de bon ton, dans les milieux scientifiques de chanter la gloire de Dieu à partir des merveilles de la création, ce courant de pensée se traduit par l'édition d'ouvrages scientifiques aux titres révélateurs : *L'existence de Dieu démontrée par les merveilles de la nature* (1715) de Nieuwenydt, la *Théologie physique ou démonstration de l'existence et des attributs de Dieu* (1727) de Derham, la *Théologie de l'eau* (1734) de Fabricius, la *Théologie des insectes* (1740) de Lesser, etc.

Dans l'*Histoire & théorie de la terre*, Buffon évoque les difficultés qu'ont résolues ceux qui ont donné une description précise du système solaire à partir des lois d'attraction de Newton. Il ajoute que les planètes tomberaient en ligne perpendiculaire sur le Soleil, si elles n'en étaient éloignées par une autre force, « *qui ne peut être qu'une impulsion en ligne droite, dont l'effet s'exerceroit dans la tangente de l'orbite.* »[2] Buffon va chercher à rendre raison de cette force d'impulsion : parce que les planètes tournent dans le même sens autour du Soleil et presque dans le même plan, il suppose que

---

1 Buffon, *Époques de la nature*, 1778, in *Œuvres*, p. 1215. &, in *Chefs-d'œuvre littéraires de Buffon* avec une introduction de M. Flourens, 2 volumes, Paris, Garnier Frères, 1864.

2 Buffon, *Histoire & théorie de la terre*, 1749 ; in *Œuvres d'Histoire naturelle*, 40 volumes, Berne, la Nouvelle Société Typographique, 1792 ; tome 1, p. 65-300 ; p. 137.

« *nécessairement quelque chose de commun dans leur mouvement d'impulsion [...] doit faire soupçonner qu'il leur a été communiqué par une seule & même cause.* »[1] Il imagine qu'une comète tombant sur le Soleil a déplacé cet astre et en a arraché des parties qui sont devenues autant de planètes en leur communiquant une force d'impulsion qu'elles conservent encore aujourd'hui.

Prudent, Buffon propose cette interprétation comme une exception dans la nature, après avoir affirmé qu'en général les forces d'impulsion ont certainement été communiquées aux astres par la main de Dieu.[2] En raison de la chaleur, la Terre et les autres planètes étaient alors liquéfiées ; une fois refroidi, l'intérieur de la Terre est « *une matière vitrifiée dont les sables, les grès, le roc vif, les granites, & peut-être les argilles, sont des fragmens & les scories.* »[3] Dans cette image de la Terre, les volcans ne sont pas d'une grande profondeur, car, estime Buffon, l'air est absolu-ment nécessaire à leur embrasement et à son entretien, ils ne viennent donc pas d'un feu central.

Dans les *Pensées sur l'interprétation de la nature*[4], qu'il publie en 1754, Diderot adopte cette image de la Terre de Buffon : il suppose qu'elle a un noyau solide de verre, que celui-ci est recouvert de poussière et que, conséquence des lois de la force centrifuge qui tend à rapprocher de l'équateur les corps qui ne sont pas attachés au noyau terrestre, la Terre a la forme d'un sphéroïde aplati. Mais Diderot ne s'attache à cette image que parce qu'elle lui permet, pense-t-il, de déterminer la cause de la

---

1 *Ib.*, p. 139.

2 Cette dernière position était celle de Newton, pour qui, lors de la création du système solaire, les planètes reçurent leur impulsion initiale de Dieu, Dieu qui continue à agir constamment par la gravité.

3 Buffon, *Histoire & théorie de la terre, op. cit.*, p. 160.

4 Diderot, *Pensées sur l'interprétation de la nature*, 1754, in *Œuvres philosophiques*, La Pléiade, Gallimard, 2010, p. 281-341 ; p. 302.

direction de l'aiguille aimantée et des aurores boréales, ceci pour asseoir ses réflexions sur l'électricité[1].

Dans les *Epoques de la nature*, qu'il publie en 1778, Buffon a changé d'opinion sur les volcans, lesquels communiquent avec l'intérieur du globe : c'est qu'il considère alors que, si la surface de la terre s'est refroidie, sa chaleur intérieure subsiste et que celle qui nous vient du centre de la terre est beaucoup plus grande que celle qui nous vient du Soleil[2].

Dans cet ouvrage, les époques de la nature n'ont qu'un lointain rapport avec les six jours de la création tels qu'ils sont relatés dans le récit de la *Genèse*. D'ailleurs, l'œuvre du premier de ces jours, évoquée et corrigée par Buffon est présentée comme une création antérieure, et nécessaire, aux époques de la nature. Dans le récit biblique du premier jour, il substitue au texte : « *Au commencement Dieu créa le ciel et la terre* »[3], le texte suivant, « *Au commencement Dieu tira du néant la matière du ciel et de la terre* », il appuie cette correction du texte sur la suite du récit où il est écrit que : « *la terre était informe et toute nue, les ténèbres couvraient la face de l'abîme* ». Selon Buffon, l'imparfait indique un laps de temps très long. Il montre que, selon ce récit, la lumière fut faite et confondue avec les ténèbres avant d'en être séparée. Selon Buffon, les six jours de la création ne peuvent être semblables aux nôtres ni leurs être égaux, ils ne peuvent être que des espaces de temps ; pour cette affirmation, Buffon s'appuie sur le fait que, selon l'historien sacré, ces jours commencent le soir et s'achèvent le matin. Mais le principal argument de Buffon pour prendre de la distance sur le récit de la *Genèse*, c'est

---

1 Locqueneux Robert, *Science classique & théologie*, Paris, Vuibert. Adapt-SNES, 2010 ; p. 190-195.
2 Buffon, *Epoques de la nature*, *op. cit.* ; tome 2, p. 318.
3 *Ib.*, p. 337, 338 pour cette citation et la suivante.

que ce récit était destiné à l'homme vulgaire, « *auquel il ne s'agissait pas de démontrer le vrai système du monde, mais qu'il suffisait d'instruire de ce qu'il devait au Créateur, en lui montrant les effets de sa toute-puissance comme autant de bienfait.* »[1]

Buffon distingue six époques dans la succession des premiers âges de la nature. Lors de la première époque, la matière du globe étant en fusion par le feu, la Terre a pris sa forme : elle s'est élevée sur l'équateur et abaissée sous les pôles par son mouvement de rotation. A la seconde époque, la matière du globe s'est consolidée et a formé de grandes masses de matières « vitrescibles ». Lors de la troisième période, l'eau, initialement à l'état de vapeur, s'est liquéfiée. La mer, couvrant toute terre a nourri les animaux à coquilles dont les dépouilles ont formé les substances calcaires. La quatrième période est celle du retrait des mers qui couvraient nos continents, lesquels étaient alors soudés. La cinquième période est *« celle du temps où les éléphants, les hippopotames et les autres animaux du Midi ont habité les terres du Nord.* »[2] L'homme apparaît à la fin de cette époque ou au début de la sixième époque, Buffon n'est pas très loquace sur cette apparition. Cette sixième époque est celle de la séparation des continents, alors tout est fait.

Buffon s'évertue ensuite à mettre en accord *les époques de la nature* avec le récit de la *Genèse*. Les six jours du récit de Moïse ne sont que six espaces de temps que Buffon allonge autant qu'il y est forcé par la connaissance démonstrative des phénomènes de la nature. Buffon suppose une période de 74 000 ans, mais on trouve dans ses notes 10 millions d'années. Il ne peut penser que le refroidissement du globe se soit fait en un jour…

Récapitulons ces sept époques de la nature

---

1 *Ib.*, p. 345.
2 *Ib.*, p. 325.

1re époque, Lorsque la Terre & les Planètes ont pris leur forme.

2e époque, lorsque la matière s'étant consolidée a formé la roche intérieure du globe, ainsi que les grandes masses vitrescibles qui sont à sa surface.

3e époque, Lorsque les eaux ont couvert nos Continens.

4e époque, Lorsque les eaux se sont retirées, & que les Volcans ont commencé d'agir.

5e époque, Lorsque les Eléphans & les autres animaux du Midi ont habité les terres du Nord.

6e, époque, Lorsque s'est faite la séparation des Continens.

7e & dernière époque, Lorsque la puissance de l'Homme a secondé celle de la Nature.

Ainsi, lorsqu'il écrit sur l'origine du monde, Buffon tente-t-il, bien maladroitement, de mettre son récit en accord avec le récit mosaïque, il substitue aux 6 jours de la création, 6 époques qu'il n'ose pas trop allonger. Que n'a-t-il lu Saint Augustin ou Thomas d'Aquin, il se serait accordé quelque liberté. Ceux-ci pensent que Moïse par son récit a voulu être compris du peuple, mais que sans doute la création fut accomplie en un instant.

Dans les *Époques de la nature*, Buffon n'a pas fait qu'esquisser un roman de la nature. Pour établir les différentes époques de la nature, « *il faut fouiller les archives du monde, tirer des entrailles de la terre les vieux monuments, recueillir leurs débris, et rassembler en un corps de preuves tous les indices des changements physiques qui peuvent nous faire remonter aux différents âges de la nature*[1] ». Ainsi, selon Buffon, à l'origine, la terre était en fusion et tournait sur elle-même : la liquéfaction primitive de la masse entière de la terre par le feu est prouvée ; premièrement, compte tenu des lois de la

---

1 *Ib.*, p. 1193.

mécanique de Newton, par le fait de son élévation sur l'équateur et de son abaissement sous les pôles ; deuxièmement, compte tenu des lois physiques du refroidissement des matériaux, par la chaleur intérieure du globe encore subsistante ; troisièmement, par les produits de cette action du feu, les matières « *vitrescibles*[1] » et les matières « *calcinables* » qui forment le vrai fonds du globe. Mais parmi ces matières, celles qui se convertissent en chaux, « *ne présentent pas d'abord leur première nature, [...elles] ont passé par des filières qui les ont dénaturées ; elles ont été formées dans l'eau ; toutes sont entièrement composées de madrépores, de coquilles et de détriment des dépouilles de ces animaux aquatiques, qui seuls savent convertir le liquide en solide et transformer l'eau de la mer en pierre*[2] ». De ces « *monuments* », Buffon en déduit que l'action du refroidissement sur les matières en fusion en a consolidé la surface ; puis lorsque la surface du globe fut suffisamment attiédie au point de permettre à l'eau d'y séjourner sans s'exhaler en vapeurs, alors les eaux ont couvert nos continents et la vie et des premières espèces de coquillages et de poissons aujourd'hui disparues peuplèrent cette mer encore bouillante. Ainsi les premiers « monuments » de la nature démontrent-ils, aux yeux de Buffon, quelles ont été les trois premières époques de la nature.

Dans les *Époques de la nature*, Buffon raconte l'histoire de la Terre de sa naissance à son état présent. Dans cet ouvrage, comme dans tous ses ouvrages, Buffon recherche, en s'appuyant sur ses connaissances des lois de la nature des hypothèses explicatives de faits qui ont été dûment constatés et abondamment exposés, mais il ne va pas au-delà, n'agençant pas les faits à sa fantaisie. Il

---

1 *« Nous mettons dans la classe des matières vitrescibles le roc vif, les quartz, les sables, les grès et granites, les ardoises, les schistes, les argiles, les métaux et les minéraux métalliques » (ib., p. 1200).*

2 Buffon, *Des époques de la nature*, p. 1200, 1201.

estime que la science peut se passer de Dieu aussi ne mêle-t-il aucune considération théologique à ses ouvrages et élabore-t-il une science positive ; aussi à la lecture de ces ouvrages peut-on penser qu'il est athée alors que certains de ses dires laissent entendre qu'il est déiste. L'enthousiasme que manifeste parfois Buffon n'est pas causé par la magnificence de Dieu mais par l'esprit humain ; cet enthousiasme, il l'exprime dans un texte presque contemporain des *Époques de la nature* : *« Loin de se décourager, le philosophe doit applaudir à la nature, lors même qu'elle lui paraît avare ou trop mystérieuse, et se féliciter de ce qu'à mesure qu'il lève une partie de son voile, elle lui laisse entrevoir une immensité d'autres objets tous dignes de ses recherches. Car ce que nous connaissons déjà doit nous faire juger de ce que nous pourrons connaître ; l'esprit humain n'a point de bornes, il s'étend à mesure que l'Univers se déploie ; l'homme peut donc et doit tout tenter, il ne lui faut que du temps pour tout savoir. Il pourrait même en multipliant ses observations, voir et prévoir tous les phénomènes, tous les évènements de la Nature avec autant de vérité et de certitude que s'il les déduisait immédiatement des causes. Et quel enthousiasme plus pardonnable ou même plus noble que celui de croire l'homme capable de reconnaître toutes les puissances, et découvrir par ses travaux tous les secrets de la Nature ! »*[1]

On peut donc affirmer que l'ouvrage ne doit rien au récit de la *Genèse* ; cependant Buffon ne peut ignorer que celui-ci est dans la tête de ses lecteurs et que bon nombre d'entre eux le prennent au pied de la lettre ; aussi, dans l'évocation de la naissance du globe terrestre, Buffon doit-il donner des garanties et justifier son exégèse avant de l'entreprendre : *« Je suis affligé toutes les fois qu'on abuse de ce grand, de ce saint nom de Dieu ; je suis blessé*

1 cité par Jacques Roger, *loc. cit.*, p. 565.

toutes les fois que l'homme le profane, et qu'il prostitue l'idée du premier Être, en la substituant à celle du fantôme de ses opinions. Plus j'ai pénétré dans le sein de la nature, plus j'ai admiré et profondément respecté son auteur ; mais un respect aveugle serait superstition : la vraie religion suppose au contraire un respect éclairé. Voyons donc ; tâchons d'entendre sainement les premiers faits que l'interprète divin nous a transmis au sujet de la création ; recueillons avec soin ces rayons échappés de la lumière céleste : loin d'offusquer la vérité, ils ne peuvent qu'y ajouter un nouveau degré d'éclat et de splendeur[1] *»*.

Buffon invite ses lecteurs à donner un sens métaphorique au texte de la *Genèse* dans lequel Moïse, selon la tradition, rapporte le message de Dieu, et pour ce faire il éclaire le récit mosaïque par un compte rendu purement scientifique de la naissance du monde : « *"Au commencement Dieu créa le ciel et la terre", cela ne veut pas dire qu'il les créa "tels qu'ils sont", puisqu'il est dit immédiatement après, que "la terre était informe", et que le soleil, la lune et les étoiles ne furent placés dans le ciel qu'au quatrième jour de la création. On rendrait donc le texte contradictoire à lui-même, si l'on voulait soutenir qu'au commencement "Dieu créa le ciel et la terre tels qu'ils sont". Ce fut dans un temps subséquent qu'il les rendit en effet "tels qu'ils sont", en donnant la forme à la matière, et en plaçant le soleil, la lune et les étoiles dans le ciel. Ainsi, pour entendre sainement ces premières paroles, il faut nécessairement suppléer un mot qui concilie le tout, et lire : "Au commencement Dieu créa LA MATIÈRE du ciel et de la terre". Et "ce commencement", ce premier temps le plus ancien de tous, pendant lequel la matière du ciel et de la terre existait sans forme déterminée, paraît avoir eu une longue durée, car écoutons attentivement la parole de l'interprète divin.*

---

1 Buffon, *Des époques de la nature*, p. 1209-1211, pour cette citation et la suivante.

“La terre était informe et toute nue, les ténèbres couvraient la face de l’abîme, et l’esprit de Dieu était porté sur les eaux.” La terre “était”, les ténèbres “couvraient”, l’esprit de Dieu “était”. Ces expressions, par l’imparfait du verbe, n’indiquent-elles pas que c’est pendant un long espace de temps que la terre a été informe et que les ténèbres ont couvert la face de l’abîme ? Si cet état informe, si cette face ténébreuse de l’abîme n’eussent existé qu’un jour, si même cet état n’eût pas duré longtemps, l’écrivain sacré, ou se serait autrement exprimé, ou n’aurait fait aucune mention de ce moment de ténèbres ; il eût passé de la création de la matière en général à la production de ses formes particulières, et n’aurait pas fait un repos appuyé, une pause marquée entre le premier et le second instant des ouvrages de Dieu. Je vois donc clairement que non-seulement on peut, mais que même l’on doit, pour se conformer au sens du texte de l’Écriture sainte, regarder la création de la matière en général comme plus ancienne que les productions particulières et successives de ses différentes formes […] ».

Après une analyse exégétique des premiers jours de la création, Buffon peut faire l’exposé des sept époques qui ont amené la terre de son état primitif à son état actuel : « *[... descendant] du sommet de l’échelle du temps jusqu’à des siècles assez voisins du nôtre ; nous avons passé du chaos à la lumière, de l’incandescence du globe à son premier refroidissement, et cette période de temps a été de vingt-cinq mille ans. Le second degré de refroidissement a permis la chute des eaux et a produit la dépuration de l’atmosphère depuis vingt-cinq à trente-cinq mille ans. Dans la troisième époque s’est fait l’établissement de la mer universelle, la production des premiers coquillages et des premiers végétaux, la construction de la surface de la terre par lits horizontaux, ouvrages de quinze ou vingt autres milliers d’années. Sur la fin de la troisième époque et au commencement de la quatrième s'est faite la retraite des eaux, les courants de la mer ont creusé nos vallons, et les feux souterrains ont commencé de ravager la terre par leurs explosions. Tous ces derniers mouvements ont duré dix mille ans de plus, et en somme totale, ces grands événements, ces opérations et ces constructions supposent au moins une succession de soixante mille années. Après quoi, la nature, dans son premier moment de repos, a donné ses productions les plus nobles ; la cinquième époque nous présente la naissance des animaux terrestres. Il est vrai que ce repos n'était pas absolu, la terre n'était pas encore tout à fait tranquille, puisque ce n'est qu'après la naissance des premiers animaux terrestres que s'est faite la séparation des continents [...] »*[1].

La dernière époque relate l'histoire des groupes humains, Buffon y montre comment « *la puissance de l'homme a secondé celle de la nature* ». Ainsi est-il efforcé, d'après ses hypothèses « *de tracer le tableau successif des grandes révolutions de la nature, sans néanmoins avoir prétendu la saisir à son origine et encore moins l'avoir embrassée dans toute son étendue* » : « *Mes hypothèses fussent-elles contestées, et mon tableau ne fût-il qu'une esquisse très-imparfaite de celui de la nature, je suis convaincu que tous ceux qui de bonne foi voudront examiner cette esquisse et la comparer avec le modèle, trouveront assez de ressemblance pour pouvoir au moins satisfaire leurs yeux et fixer leurs idées sur les plus grands objets de la philosophie naturelle* ».

Dans le supplément des *Époques de la nature* publié en 1778, Buffon va tenter d'expliquer l'origine du système solaire. Il suppose que le soleil et les comètes préexistent au système des planètes ; la chute d'une comète sur le soleil en a chassé un torrent de matière qui s'est réuni au

---

1 *Ib.*, p. 1324, 1325, pour cette citation et les deux suivantes.

loin en divers globes plus ou moins vastes, plus ou moins éloignés de cet astre, et que ces globes, refroidis et solidifiés, sont les planètes et leurs satellites. Mais nous reviendrons plus longuement sur ce texte en abordant la critique qu'en fit Laplace en son temps.

Buffon est-il un incroyant au masque ? Aux termes d'observations microscopiques mal conduites, Needham et Buffon ont hâtivement affirmé la génération spontanée ; une théorie séduisante pour les athées mais qui l'est beaucoup moins pour les croyants et les déistes. Est-ce suffisant pour supposer que Buffon était incroyant, ce que pense Réaumur, un croyant, qui ne l'apprécie guère. L'abbé de Lignac, un ami intime de Réaumur, relève que dans les œuvres de Buffon, la Bible est contredite : « *Selon le texte sacré, la terre fut créée et revêtue d'herbes, et la lune fut formée en même temps que l'astre du jour. Selon M. de Buffon, le soleil est le premier en datte [...] Comment pourroit-on s'y prendre pour contredire plus ouvertement l'histoire de la création ?* »[1] Ce qui est assuré, c'est qu'avec son statut social, Buffon ne peut se présenter que comme un bon chrétien.

Quelques jugements de contemporains de Buffon. Ne croyez pas que Buffon était apprécié dans le milieu des philosophes, selon le témoignage de l'abbé Morellet, d'Alembert, Diderot et l'abbé de Condillac « *[...] l'appelaient charlatan, rhéteur, déclamateur, phrasier. Ils lui reprochaient de n'avoir pas le style de la chose ; ses descriptions des animaux leur paraissaient des*

---

1 Cité par Jacques Roger, *Les sciences de la vie dans la pensée française au XIIIe siècle*, Paris, Albin Michel, 1963, nouvelle édition 1993 ; p. 693.

amplifications de collège, et ses discours généraux sur la nature des déclamations vagues, fausses et inutiles. »[1]

A ceux qui s'étonneraient de ne jamais rencontrer Buffon dans les salons fréquentés par les encyclopédistes, nous rapportons ces propos de Marmontel.

« *Buffon, avec le Cabinet de roi et son Histoire naturelle, se sentait assez fort pour se donner une existence considérable. Il voyait que l'école encyclopédique était en défaveur à la Cour et dans l'esprit du roi ; il craignit d'être enveloppé dans le commun naufrage ; et, pour voguer à pleine voile, ou du moins pour louvoyer seul prudemment parmi les écueils, il aima mieux avoir à soi sa barque libre et détachée. On ne lui en sut pas mauvais gré. Mais sa retraite avait encore une autre cause.*

Buffon, environné chez lui de complaisants et de flatteurs, et, accoutumé à une déférence obséquieuse pour ses idées systématiques, était quelquefois désagréablement surpris de trouver parmi nous moins de révérence et de docilité. Je le voyais s'en aller mécontent des contrariétés qu'il avait essuyées. Avec un mérite incontestable, il avait un orgueil et une présomption égale au moins à son mérite. Gâté par l'adulation, et placé par la multitude dans la classe de nos grands hommes, il avait le chagrin de voir les mathématiciens, les chimistes, les astronomes, ne lui accordaient qu'un rang très inférieur parmi eux ; que les naturalistes eux-mêmes étaient peu disposés à le mettre à leur tête, et que, parmi les gens de lettres, il n'obtenait que le mince éloge d'écrivain élégant et de grand coloriste. Quelques-uns même lui reprochaient d'avoir fastueuse-ment écrit dans un genre qui ne voulait qu'un style simple et naturel. Je me souviens qu'une de ses amies m'ayant demandé comment je parlerais de lui, s'il

---

1 Abbé Morellet, *Mémoires inédites sur le dix-huitième siècle et sur la révolution française,* introduction et notes de Jean-Pierre Guicciardi, Paris, Mercure de France, 1988 ; chap. 6, p. 127.

m'arrivait d'avoir à faire son éloge funèbre à l'Académie française, je répondis que je lui donnerais une place distinguée parmi les poètes du genre descriptif ; façon de le louer dont elle ne fut pas contente.

Buffon, mal à son aise avec ses pairs, s'enferma donc chez lui avec des commensaux ignorants et serviles, n'allant plus ni à l'une, ni à l'autre Académie, et travaillant à part sa fortune chez les ministres, et sa réputation dans les cours étrangères, d'où, en échange de ses ouvrages, il recevait de beaux présents ; mais du moins son paisible orgueil ne faisait du mal à personne. »[1]

Quant à Diderot, il en fait, dans *Le neveu de Rameau*, une caricature peu flatteuse ; « *Nous prouverons que Voltaire est sans génie ; que Buffon toujours guindé sur des échasses, n'est qu'un déclamateur ampoulé ; que Montesquieu n'est qu'un bel esprit ; nous reléguerons d'Alembert dans ses mathématiques, nous en donnerons sur dos et ventre à tous ces petits Catons comme vous, qui nous méprisons par envie, dont la modestie est le manteau de l'orgueil, et dont sobriété est la loi du besoin.* »[2] [C'est [C'est le neveu de Rameau qui parle !]

---

1 Marmontel, *Mémoires*, I, p. 225. in *Les français vus par eux-mêmes, mêmes, le XVIIIe siècle*, Arnaud de Maurepas, Florent Brayard, Paris, Robert Laffond, Bouquins, 1996..

2 Diderot, in *Œuvres*, édition établie et annotée par André Billy, Gallimard, La Pléiade, 1951 ; *Le neveu de Rameau*, (posthume, 1891) p. 395-474 ; p. 422.

Les matérialistes français du siècle des Lumières : La Mettrie, Helvétius & d'Holbach[1]

Rappelons qu'au milieu du siècle, l'athéisme est un courant de pensée qui se renforce, et qui, dans les salons, ne se cache plus si l'on en croit les mémoires de l'abbé Morellet, qui les fréquentait assidûment.

La Mettrie (Julien Offroy de) ce médecin, qui a suivi les cours de Boerhaave, professe un matérialiste radical. Dans l'*Homme-machine*[2], paru à Londres en 1751 et en 1774, il place l'homme dans la chaîne des êtres vivants, parmi les animaux il lui accorde pour spécificité la masse et la complexité de son cerveau ; ailleurs il assimile, en quelque sorte, l'homme à l'automate de Vaucanson. Nous sommes très loin du récit de la *Genèse*, qui, en comparaison, s'apparente à un conte de fée.

« *Qui sait d'ailleurs si la raison de l'existence de l'homme ne serait pas son existence même ? Peut-être a-t-il été jeté au hasard sur un point de la surface de la terre sans qu'on puisse savoir ni comment ni pourquoi, mais seulement qu'il doit vivre et mourir, semblable à ces champignons qui paraissent d'un jour à l'autre, ou à ces fleurs qui bordent les fossés et couvrent les murailles.*

Ne nous perdons point dans l'infini, nous ne sommes pas faits pour en avoir la moindre idée ; il nous est

---

1 Sophie Audidière, Jean-Claude Bourdin, Jean- Marie Lardic, Francine Markovits, Yves Charles Zarka, *Matérialistes français du XVIIIe siècle : La Mettrie, Helvétius & d'Holbach*, Paris, PUF, 2006. Roland Mortier, « L'athéisme en France au XVIIIe siècle, progrès et résistances », in *Le cœur et la raison, Recueil d'études sur le dix-huitième siècle*, préface de René Pomeau, Voltaire Foundation, Oxford, Editions de l'Université de Bruxelles, Universitas, Paris, 1990 ; p. 364-382.

2 Julien Offray de La Mettrie, *L'homme machine*, 1748, in *Œuvres philosophiques*, Etablissement du texte et annotation par Jean-Pierre Jackson, Vendôme, 2004.

absolument impossible de remonter à l'origine des choses. Il est égal d'ailleurs pour notre repos que la matière soit éternelle ou qu'elle ait été créée, qu'il y ait un dieu ou qu'il n'y en ait pas. Quelle folie de tant se tourmenter pour ce qu'il est impossible de connaître, et ce qui ne nous rendrait pas plus heureux, quand nous en viendrions à bout. »[1]

Claude-Adrien Helvétius

Helvetius, est latinisation de son nom : Schweitzer. Si Helvétius[2] critique toutes les religions, cependant il fait parfois allusion à l'Etre suprême, un démiurge créateur. Il publie *De l'esprit* à Paris en 1758 ; son second ouvrage, *De l'homme* sera publié après sa mort, en 1773.

Chez lui, Moïse ne trouve pas sa place lorsqu'il évoque les premiers siècles du monde. Quand il les évoque, c'est pour affirmer que « *les despotes tenoient les nations asservies sous un sceptre de fer, il étoit alors de leur intérêt de voler aux peuples les vrais principes de la morale ; principes qui, les soulevant contre les tyrans, eut fait à chaque citoyen un devoir de vengeance : aujourd'hui que le sceptre n'est plus le prix du crime ; que remis d'un consentement unanime entre les mains des princes, l'amour des peuples l'y conserve ; que la gloire & le bonheur d'une nation, réfléchi sur le souverain, ajoute à sa grandeur & à sa félicité…* »[3]

---

1 *Ib.*, p. 66.

2 Helvétius, *De l'esprit*, édition établie par J. Moutaux, Paris, Fayard, Fayard, « Corpus des œuvres de philosophie en langue française », 1988. *De l'Homme*, édition établie par Geneviève et Jacques Moutaux, Paris, Fayard, « Corpus des œuvres de philosophie en langue française », 1989.

3 Helvétius, *De l'esprit*, *op. cit.*, p. 223.

D'Holbach, Paul-Henri Thiry

Quant au baron d'Holbach, il publie un ouvrage d'un matérialisme radical[1] : *Le système de la nature ou les lois du monde physique et du monde moral* par M. Mirabaud, paraît en 1770 ; l'ouvrage sera condamné à être brûlé par un arrêt du Parlement pour « *crime de lèse majesté humaine et divine* », le sieur Mirabaud ne risque aucune peine, ce secrétaire perpétuel de l'Académie française est décédé depuis quelques années ; le nom de l'auteur, ne sera révélé que dans une édition de 1821.

Le baron d'Holbach fait dans cet ouvrage, une vive critique de la pensée religieuse et un système qui trouve sa source d'inspiration dans l'épicurisme antique. Comme les matérialistes de l'Antiquité, d'Holbach considère que le monde n'a pas eu de commencement et qu'il n'aura pas de fin, que la matière et le mouvement sont éternels. Alors que la plupart des auteurs ne sont pas très regardant sur les conditions physiques nécessaires à la vie des plantes et des bêtes, que certains supposent des formes de vie qui se développent dans des conditions extrêmes de chaleur ou de froid. D'Holbach lui suppose que seule la Terre dans le système solaire, permet la vie et qu'une légère variation de sa distance au Soleil n'aurait pas permis que la vie y naisse.

Avec le baron d'Holbach, nous sommes loin du récit mosaïque de la *Genèse* : « *Si l'on eût observé la nature sans préjugé, on se seroit depuis long-temps convaincu que la matiere agit par ses propres forces, et n'a besoin d'aucune impulsion extérieure pour être mise en mouvement : on se seroit apperçu que toutes les fois que des mixtes sont mis à portées d'agir les uns sur les autres, le mouvement s'y engendre sur le champ, et que ces mélanges agissent avec une force capable de produire les*

---

1 D'Holbach, *Le système de la nature,* 2 tomes, texte revu par Josiane Boulad-Ayoub, Paris, Fayard, coll. Corpus, 1990.

effets les plus surprenans. [...] En humectant de la farine avec de l'eau et renfermant ce mélange, on trouve au bout de quelque tems à l'aîde du microscope qu'il a produit des êtres organisés qui jouissent d'une vie dont on croyait la farine et l'eau incapables. C'est ainsi que la matiere inanimée peut passer à la vie qui n'est elle-même qu'un assemblage de mouvemens. »[1] En note, d'Holbach ajoute : « *Voyez les observations microscopiques de M. Néedham, qui confirment pleinement ce sentiment. Pour un homme qui réfléchit, la production d'un homme, indépendamment des voies ordinaires, seroit-elle donc plus merveilleuses que celle d'un insecte avec de la farine et de l'eau ? La fermentation et la putréfaction produisent visiblement des animaux vivans. La génération que l'on a nommée équivoque ne l'est que pour ceux qui ne se sont pas permis d'observer attentivement la nature.* » C'est, bien évidemment, Réaumur qui est ici visé !

Quant aux religions : « *Parcours les annales du monde et tu trouveras que l'histoire des Dieux est écrite partout en caractères de sang, que c'est l'histoire des forfaits, des folies, des cruautés du genre humain. Tu verras le Juif guidé par des chefs sanguinaires égorger des nations entières au nom du jaloux Jehovah, Tu verras le Phénicien et le Carthaginois donner leurs propres enfants en repas à Moloch. Tu verras l'Egyptien en guerre pour ses chats, ses oignons, ses crocodiles dont il a fait ses divinités. Tu verras les Romains guidés par les oracles de leurs Dieux usurper l'empire du monde et n'en faire qu'un cimetière. Tu verras le Mahométan au nom d'Allah porter le ravage et la mort dans l'Asie, dans l'Afrique et l'Europe. Tu verras le Mexicain se faire un saint devoir d'offrir à son Dieu farouche les cœurs fumants de plusieurs milliers de victimes humaines. Enfin, pendant une longue suite de siècles tu verras le Dieu des Chrétiens, dont on te vante la*

---

1 D'Holbach, *Système de la nature*, 2 tomes, Texte revu par Josiane Boulad-Ayoub, Paris, Fayard, Corpus, 1990, p. 56, 57.

morale bienfaisante et pacifique, servir continuellement de prétexte aux guerres, aux révoltes, aux régicides, aux persécutions, aux attentats les plus noirs. »[1] Voilà qui s'oppose à l'esprit du temps, penser que l'on puisse rencontrer des athées vertueux n'est toujours pas une opinion commune à cette époque !

Si l'ouvrage paraît anonymement, son auteur est identifié dans le cercle de ses familiers. Ce qu'en rapporte l'abbé Morellet permet de nous faire une opinion sur la réception du déisme et de l'athéisme dans la seconde moitié du siècle des Lumières. L'abbé Morellet fait un portrait très flatteur du baron : « *auteur de beaucoup d'excellens ouvrages imprimés en chimie et en histoire naturelle, et de beaucoup d'autres qui ne sont pas publics, philosophe profond, juge très éclairé de tous les genres de connoissance, ame sensible et ouverte à l'amitié.* »[2] (*lettre à Beccaria*, du 3 janvier 1766).

Dans ses *Mémoires sur le dix-huitième siècle et la révolution*, l'abbé Morellet évoque les dîners du baron d'Holbach, « *c'est là qu'il fallait entendre la conversation la plus libre, la plus animée et la plus instructive qui fût jamais : quand je dis libre, j'entends en matière de philosophie, de religion, de gouvernement, car les plaisanteries libres dans un autre genre en étaient bannies.* »[3] « *C'est là, [...] puisqu'il faut le dire, que Diderot, le docteur Roux et le bon baron lui-même établissaient dogmatiquement l'athéisme absolu, celui du Système de la nature, avec une persuasion, une bonne foi,*

---

1 *Ib.*, p. 30, 31.

2 *Lettres d'André Morellet*, publiées et annotées par Dorothy Medlin et Jean-Claude David avec la collaboration de Paul Leclerc, 2 volumes, Oxford, The Voltaire Foundation, Taylor Institution, 1994 ; tome 1, lettre 16, p. 39.

3 Morellet, *Mémoires sur le dix-huitième siècle et la révolution*, introduction et notes de Jean-Pierre Guicciardi, Paris, Mercure de France, 1988 ; p. 130-133, pour cette citation et les suivantes.

une probité édifiante, même pour ceux d'entre nous qui, comme moi, ne croyaient pas à leur enseignement. Car il ne faut pas croire que dans cette société, toute philosophique qu'elle était, au sens défavorable qu'on donne quelquefois à ce mot, ces opinions libres outre mesure fussent celles de tous. Nous étions là bon nombre de théistes, et point honteux, qui nous défendions vigoureusement, mais en aimant toujours des athées de si bonne compagnie. »

L'abbé Morellet poursuit : « *Un mérite de cette société, non moindre que celui de cette parfaite tolérance, est la discrétion qui a voilé pendant vingt années un secret connu de dix personnes, et qu'il importait beaucoup à l'un de nous de tenir caché. Le baron d'Holbach, ainsi que le public l'a su depuis, était l'auteur du Système de la nature et de la politique naturelle, et du Christianisme dévoilé, et l'éditeur des ouvrages de Boulanger et de la plupart des écrits imprimés chez Marc-Michel Rey, libraire d'Amsterdam. Le Système de la nature, surtout, est un catéchisme d'athéisme complet où, chemin faisant, les gouvernements et les rois sont fort maltraités.* »

L'abbé Morellet est très apprécié par les matérialistes et par Voltaire ; son opinion mérite à leurs yeux d'être prise en considération, n'a-t-il pas, en 1762, fait paraître l'*Abrégé du manuel des inquisiteurs*, où il met en lumière l'atrocité des procès de l'inquisition[1].

Le baron est aussi l'auteur de deux articles de l'Encyclopédie : « *Prêtres* » et « *Théocratie* », lesquels ne sont pas signés mais ont été authentifiés[2].

---

1 Morellet, *Abrégé du manuel des inquisiteurs, 1762*, texte présenté et annoté par Jean-Pierre Guicciardi, Grenoble, Editions Jérôme Million, 2000.

2 Véronique Le Ru, *Subversives Lumières, L'Encyclopédie comme machine de guerre*, Paris, CNRS Editions, 2007 ; p. 39-48.

Citons d'autres publications du baron : *La Contagion sacrée ou Histoire naturelle de la superstition* en 1768 et, en collaboration avec Naigeon, *Le Militaire philosophe ou Difficultés sur la religion proposées au père Malebranche* en 1770 ; dans cet ouvrage, les auteurs font allusion aux *Difficultés sur la religion proposées au père Malebranche,* un manuscrit de Robert Challe (1659-1721) qui circulait au milieu du siècle ; mais cet auteur n'est pas athée, il est déiste, convaincu de l'existence de Dieu et de l'immortalité de l'âme.

Bailly, *Histoire de l'astronomie ancienne,* 1775.

Lorsqu'il fait une évaluation de l'âge du monde, Bailly ne doute ni du récit de la création ni de l'existence du déluge, il suppose en effet : « *que les tems dont les peuples n'ont conservé qu'une mémoire confuse, les tems appelés fabuleux, sont ceux qui ont précédé le déluge* »[1] ; quant à la durée du monde au moment du déluge, il en trouve une estimation dans la *Bible*, et la confirmation dans les antiquités babyloniennes, dans l'ancienne chronique de l'Egypte, dans les histoires de la Chine et de l'Inde : *« La durée du monde, au moment du déluge, étoit de 1656 ans, selon le texte hébreu de l'écriture, & de 2242 ou 2256 ans, suivant celui des septante.* »

La permanence de la pensée chrétienne au Siècle des lumières : Jacques Abbadie, *Traité de la vérité de la Religion chrétienne*, (édition posthume) 1771

La permanence de la pensée chrétienne au Siècle des lumières, nous la retrouvons dans les rééditions du *Traité de la vérité de la religion chrétienne* de Jacques Abbadie,

---

1 Bailly, *Histoire de l'astronomie ancienne depuis son origine jusqu'à l'établissement de l'Ecole d'Alexandrie*, Paris, chez les Frères Debure, 1775 ; p. 9, 10, pour cette citation et les deux suivantes.

l'ouvrage paru à Rotterdam en 1684 eut de nombreuses rééditions, celle de 1688, eut des additions considérables. Nous revenons sur cet ouvrage en prenant l'édition de 1771, une édition posthume, l'auteur mourut en 1727.

Pour rendre compte de l'existence du monde tel qu'il est, Abbadie ne parle pas du texte de la *Genèse*, mais de l'acte du Créateur ; pour ce faire, il doit d'abord rechercher les preuves de l'existence de Dieu que la philosophie peut fournir : « *Je ne sais point quels sont les ressorts qui font agir cette vaste machine que nous appellons l'univers. J'ignore qu'est-ce qui entretient la vie des plantes & la lumière des astres. Je ne sais point de quelle figure sont les atômes dont les corps sont composés, ni le degré de mouvement qu'il faut pour former toutes les merveilles qui frappent ma vue.* [...] *je ne me pique point de raisonner sur le systême du monde. Mais de quelque maniere que l'univers soit fait, & quelque Philosophe qu'on suive, on conviendra sans doute avec moi, qu'afin que cet univers subsiste tel qu'il est, il faut une matiere, un mouvement, un mouvement limité à une certaine mesure, & un mouvement déterminé d'une certaine maniere, puisque, si vous ôtez toutes ces causes, vous faites du monde un néant ou un chaos. Je demande donc d'abord d'où est venue cette matiere, dont le monde est composé. Qui dit matiere, ne dit pas une chose qui soit nécessairement ; & jusqu'ici personne que je sache n'a cru qu'ayant toutes les perfections, elle dût avoir celle d'être par elle-même, comme nous le disons de Dieu.*

Je voudrois bien savoir, en second lieu, d'où son mouvement est sorti : car il faut de deux choses l'une, qu'il soit essentiel à la matiere de se mouvoir, ou qu'il y ait un Dieu qui ait imprimé le mouvement dans la matiere : ce mouvement doit être attaché à la nature de la matiere, ou venir du dehors ; il n'y a point de milieu. »[1]

Et de poser la question : « *pourquoi falloit-il que la matiere se mût dans le degré & dans la détermination qui étoient précisément nécessaires pour former un monde plutôt qu'un chaos ? Car, s'il y a une infinité de degrés possibles dans le mouvement, comme je ne vois pas qu'on en doive douter, & si ce mouvement a pu être déterminé en plusieurs manieres différentes, pourquoi la matiere se meut-elle précisément dans le degré & avec la détermination qu'il falloit pour produire un nombre presque infini de corps, qui sont formés avec une régularité si admirable, & pour faire de tant de corps différents ce merveilleux assemblage où nous ne voyons rien d'inutile, & où tout nous surprend & nous ravit ?* »

« *Ainsi la matiere d'elle-même ne nous paroît pas plus déterminée à exister qu'à n'exister pas. Qui est-ce donc qui lui a donné son existence ? Elle n'est pas plus déterminée à se mouvoir qu'à ne se mouvoir pas, supposé qu'elle existe. Qui est ce donc qui lui a donné son mouvement ? Elle n'est pas plus déterminée à se mouvoir dans ce degré que dans un autre, supposé qu'elle se meuve. Qui est-ce donc qui a réduit son mouvement à la juste mesure qui étoit nécessaire pour former le monde, ou pour l'entretenir & le conserver pendant si long-temps ? Enfin, quoiqu-elle se meuve précisément dans ce degré, elle n'est pas plus déterminée à se mouvoir de ce côté que d'un autre. Qui est-ce donc qui a donné à ses parties ces déterminations particulieres, qui font que chaque chose tend à son centre, & que le monde subsiste par ce moyen ?*

Est-ce une nécessité naturelle & essentielle qui a produit tous ces effets ? Non, car ce n'étoit pas une nécessité à la

---

1Jacques Abbadie, *Traité de la verité de la Religion Chrétienne où l'on établit la Religion Chrétienne par ses propres caractères*, La Haye chez Jean Neaulme, 1771 : p. 25, 26.

matiere d'exister ; ce n'étoit pas une nécessité à la matiere qui existe, de ce mouvoir ; ce n'étoit pas une nécessité à ce mouvement d'être dans un tel degré ou dans une telle mesure ; & ce n'étoit pas une nécessité à ce degré de mouvement, d'avoir toutes ces déterminations particulieres, sans lesquelles le monde ne pourroit être. »[1]

Si les questions que notre auteur se pose sont pertinentes et légitimes, la réponse est un peu facile, c'est Dieu qui a tout fait… Il est vrai que l'auteur n'a pas envisagé de faire un ouvrage scientifique à la manière de l'abbé Pluche…

La permanence de la pensée chrétienne au Siècle des lumières, suite : Chevignard de la Pallue, *Idées du Monde ou idées générales des choses*, 1779

En 1779, Chevignard de la Pallue publie *Idée du monde ou idées générales des choses dont un jeune-homme doit être instruit*[2]. En abordant cet ouvrage, nous sommes loin de l'esprit du Siècle des lumières, l'auteur commence son ouvrage par des « *éclaircissemens sur le récit de la création* ». Il suit fidèlement le récit de la *Genèse* avec, pour l'éclairer, ce que les connaissances, fort douteuses, qu'il a acquises en physique permettent d'y ajouter. Aussi brode-t-il sur ce récit avec une grande liberté : « *Moïse commence par annoncer, en général, que Dieu a créé tout ce qui existe ; mais il se borne au détail de la terre & de ce qui la concerne particuliérement : Au milieu du néant, Dieu crée la terre ; mais elle n'est point visible, & elle n'a pas encore reçu sa derniere forme : elle est sans mouvement & sans végétation. Par-tout regnent les ténebres les plus épaisses. Les élémens sont absolument*

1 *Ib.*, p. 27.

2 Chevignard de la Pallue, *Idée du monde ou idées générales des choses dont un jeune-homme doit être instruit*. 2 volumes, Dijon, chez Frantin, Paris, chez Pissot, Lyon, chez les frères Perisse, 1779 ; 2de édition, Paris, Moutard, 1782.

isolés & distingués les uns des autres ». Avec ce propos, l'auteur s'empresse d'ajouter : « *Cette explication, loin de présenter un chaos qui ne s'accorde nullement avec la prévoïance infinie du Créateur, distingue les élémens, & ne les unit que pour se prêter un secours mutuel, & concourir avec une harmonie admirable & digne de la sagesse suprême, à une végétation générale* ».

« *La terre & tous les corps destinés à être solides, forment une seule masse indissoluble, & dont toutes les parties sont intimement unies ensemble.*

L'eau dépourvue d'air & de feu, est entiérement glacée au dernier degré de froid, & portée sur la superficie de cette masse, dans toute l'étendue de sa circonférence.

L'air distingué des autres élémens est rassemblé sur l'eau. Il n'a aucune agitation, & concentré en lui-même par son plus grand ressort, il occupe le moins de volume qu'il est possible.

Le feu, comme l'élément le plus léger, vogue sur la superficie du globe où il est tout entier. Dieu, en le créant, lui a donné la vie & le mouvement, comme à un principe dont il doit se servir pour animer & vivifier toutes matières. Cette substance isolée termine la circonférence de la sphere, où elle est dans une action & une agitation générale & continuelle. Son activité n'est retardée par aucun obstacle, & elle brille dans tout son éclat autour du globe.

Dieu fait la lumiere, qu'il distingue des ténebres. Sa destination est de faire paroître les objets ; mais inutile toute seule, elle ne doit produire ses effets que par la médiation du feu, qui a reçu le pouvoir de l'animer. Tout ce qui est créé est sans mouvement, sans mêlange & sans effets. Le feu seul est en action : il est prêt à obéir au Créateur pour animer la matiere ; tout est dans le plus profond silence, & attend l'ordre suprême.

Dieu donne à la terre un mouvement de rotation sur elle-même. Dans l'instant les élémens s'unissent ; ils travaillent de concert, & concourent ensemble aux vues du Créateur. Il se mêlent & occasionnent dans tout le globe une agitation, une fermentation générale. Les pesanteurs ne sont plus les mêmes : le feu quitte sa place ; il pénetre toutes matieres, & leur communique la vie. L'air, par l'impression du feu, augmente son volume, & s'insinue dans tous les corps. L'eau, par le secours du feu & de l'air, devient fluide. Les élémens se prêtent un secours mutuel, & tout se trouve disposé à la végétation, lorsque paroîtra l'astre, dont la présence doit animer la lumiere de la terre, & occasionner à son feu la tendance vers lui. De cette tendance & de celle qui, par le mouvement de rotation le porte vers l'axe de la sphere, résulteront tous les effets qui doivent arriver dans le globe terrestre. Une révolution entiere de la terre sur son axe fait en un jour.

Ce n'est que le second jour ou la seconde rotation, que le feu & l'air aiant achevé de pénétrer la terre, en ouvrent les pores, & la rendent divisible. Par l'effort du feu, aidé de l'air & de l'eau, qui ont rencontré des matieres plus disposées que d'autres à l'inflammation & explosion, il s'éleve des montagnes, & il naît par le mêlange, la filtration & la fusion, une diversité prodigieuse de matieres mixtes. Il se forme des crevasses & des profondeurs énormes dans le globe, où la surabondance des eaux se perd, & il ne reste sur la superficie que ce qu'en peuvent contenir les creux formés extérieurement par l'effort des élémens ; & cette distinction des eaux, qui fait paroître la terre seche, n'est finie que le troisieme jour.

Ce troisieme jour, Dieu rend la terre féconde ; il forme les arbres & les plantes, & les fait produire chacun selon son espece.

Le quatrieme jour Dieu crée le soleil ; il fait tourner la terre autour de cet astre, & chaque révolution entiere fait une année. Il crée la lune & les planetes, & leur assigne leurs mouvemens. Il fait les étoiles, qui, placées dans un certain éloignement, servent de signes pour distinguer les temps.

Le cinquieme jour Dieu forme tous les animaux, il leur donne la vie & le mouvement, avec la faculté de se multiplier.

Le sixieme jour il forme l'homme, & les crée mâle & femelle.

L'homme fut la fin des ouvrages de Dieu. Il le fit à son image, lui donna le commandement sur toute la terre & sur les animaux, & le plaça dans un lieu délicieux. Le terme d'homme est l'espece, dont les deux genres font le mâle & la femelle. Dieu les fit, non au même moment, mais le même jour.

Avant la création de tous les corps de l'Univers, dans lequel nous sommes, c'étoit un néant total, où aucune matiere n'existoit. Dieu a créé tous ses ouvrages dans ces espaces immenses, où ils subsistent par sa toute-puissance. Dieu peut de même leur ôter l'existence qu'il leur a donnée, & les faire disparoître absolument. Cet Etre suprême, en créant des corps, n'a pas aboli tout néant, mais il y a placé ses créations ; & par sa sagesse infinie, tout a été rangé & se maintient dans le plus bel ordre.

Le peu d'étendue de l'intelligence humaine, qui semble bornée à nos besoins, ne nous permet pas de concevoir clairement des choses qui sont si fort au dessus de nos idées. Mais tout ce qui tombe sous nos sens, tout ce qui est en nous-mêmes nous éleve nécessairement vers un Créateur, un Etre immense, par qui tout existe, & en qui est le commencement & la fin de toutes choses.

Le néant est un vuide parfait, un vuide d'existence de matières. Cette expression paroît fort difficile à concevoir. Cependant on ne peut, sans l'admettre, se faire aucune idée de la création, puisque créer est faire quelque chose de rien. Il seroit tout-à-fait déraisonnable de penser que la matière a toujours existé, & peut par conséquent subsister par elle-même éternellement. Dans une pareille supposion, tout iroit au hazard, & rien ne seroit combiné. Si l'on se persuade que la matiere qui constitue notre Univers, en a de toute éternité rempli les espaces, que dira-t-on des espaces qui sont au-delà des objets les plus éloignés ? Seront-ils aussi remplis de matieres ? En ce cas, comme on ne peut leur concevoir des bornes, parce que l'imagination s'y perd, les espaces étant infinis, la matiere sera donc infinie. Alors ce deviendroit un mistere beaucoup plus incompréhensible que celui de l'existence de Dieu. Rien, au contraire, n'est plus naturel & plus conforme à l'esprit humain, que de reconnoître l'Etre suprême, revêtu du souverain pouvoir & de toutes les perfections possibles. Dieu est le seul être qui existe par lui-même. Il est le principe & la fin de toutes choses : il est de toute éternité. Il est par-tout, dans ses créations, comme dans les espaces increéés. Sa sagesse gouverne ses créatures, & son amour pour elles les conserve. On ne peut donc refuser à croire que la matiere a commencé d'être. Dieu seul peut lui avoir donné l'existence, & sa puissance suprême l'a créée de rien. Puis donc que la création nous donne de ce néant une idée nécessaire, concevons que hors des spheres, il doit être un néant total nécessaire pour la course & le repos des corps de l'Univers.

Suivant ce principe, il est facile d'expliquer, d'une maniere simple, comment ces grands corps se tiennent en équilibre, suivent toujours leurs cours, & sont uniformes dans leurs mouvemens.

Tous les globes en action ont reçu, à leur création, des mouvemens d'une certaine vitesse, & ont été assujettis à certaines Loix. Voiageans dans le néant, ils ne rencontrent aucun obstacle, & doivent suivre toujours les mêmes mouvemens, conformément aux loix qui leur sont imposées. Ceux qui paroissent immobiles, ont été sans doute posés où ils sont, & ne trouvant aucune cause qui les détermine au mouvement, ils restent en repos.

Les effets que l'on voit dans ces globes, sont une suite de leur action ou de leur repos. Ceux qui sont en mouvement ne peuvent briller par eux-mêmes, parce que le feu, forcé de pénétrer tous les corps, ne paroît plus autour de la surface de ces globes.

Les globes brillans paroissent tels, parce qu'ils sont immobiles. Leur feu en occupe les surfaces ; & suivant son activité naturelle, il brille autour de la circonférence. Ces globes sont dans l'état où ils ont été crées, comme étoient la terre & les planetes, avant que Dieu leur eût donné un mouvement de rotation.

Pour se former une idée du soleil & de tous les globes brillans, on ne doit faire aucune comparaison de ces corps & de leurs effets, avec notre terre, & ce qui s'y passe. Tout ce qui arrive dans notre sphere, est occasionné par les mouvemens que Dieu lui a imprimés. Ainsi, le feu donne à l'eau la fluidité, parce qu'il s'insinue avec l'air dans ses pores : il désunit les corps durs par la même raison. Par ces mouvemens, tous les élémens s'unissent & se prêtent un secours réciproque.

Or, la même cause ne subsistant pas dans les corps brillans, parce qu'ils sont immobiles, les élémens se tiennent séparés, & rien ne les porte à s'unir. Les corps solides sont en masse, parce que cette matiere est isolée. L'eau absolument dépourvue d'air & de feu, n'a point de fluidité. Le feu ne s'insinue point dans les pores de l'eau & des autres corps, & se tient rassemblé au dessus de l'air, ou, n'aiant point d'autre mouvement que l'agitation qui lui est propre, il reste isolé & concentré en lui-même.

Le feu est l'ame de la matiere ; c'est sa vie. Sans lui, rien ne végete, tout est dans l'inaction. Cet élément est par son essence dans une action continuelle, toujours prêt à animer la matiere.

Si les globes en repos recevoient des mouvemens, tous les effets contraires arriveroient. Ils ne paroitroient plus en feu ; & tous les globes agités paroitroient brillans, si Dieu, interrompant leurs cours, les rendoit immobiles. [*Par les loix de l'attraction, si ces globes perdoient leurs mouvemens, leurs pesanteurs réciproques les feroient tendre à s'unir ensemble & à se joindre au soleil, qui a plus de masse que les planetes.*]

C'est ainsi que la terre que nous habitons pourra paroître en feu. Nous ne savons ni l'heure ni le moment que Dieu a fixé pour être le terme de la durée des choses. Ce Créateur admirable peut avoir arrêté dans son immensité un autre ordre, une autre disposition de ses créations. Qu'il fixe la terre & les planetes, ces globes deviendront brillans. Ils seront alors comme ils étoient avant d'avoir reçu le mouvement de rotation : leurs élémens se sépareront, & leurs feux abandonnant tous les corps, se réuniront autour de leurs surfaces, où ils brilleront & paroîtront brûlans, sans consumer les globes auxquels ils demeureront joints. Si Dieu leur rend leurs mouvemens, tout reprendra son cours, & la nature sera renouvellée.

Que nos êtres sont petits devant une telle puissance ! La divinité embrasse tout ; elle pénetre tout ; tout est en Dieu. La matiere suit les loix du Créateur ; l'esprit a reçu les siennes qu'il doit suivre, & c'est l'ame qui lui fait connoître ces loix. »[1]

Ainsi, pour rendre compte du récit de la *Genèse*, Chevignard de la Pallue ignore-t-il la matière de

---

1 *Ib.*, p. 1-14.

Descartes, les atomes de Gassendi ou de Newton et introduit quatre états de la matière qui ne sont pas sans évoquer les quatre éléments de la physique d'Aristote. Quant au système solaire qu'il décrit, il est tel que le font connaître les astronomes modernes.

Le premier chapitre de la seconde partie de l'ouvrage s'intitule : « *Des nègres* » nous n'aborderions point ce chapitre, si l'auteur de cet ouvrage s'interrogeant sur « *le principe de cette couleur si contradictoire avec la nôtre* »[1] *nôtre* »[1] ne revienne sur le récit de la *Genèse* : les fils d'Adam et Eve ou les fils de Noé.

« *Quelques Auteurs ont eu recours à l'imagination, pour expliquer cette énigme (1). Les uns ont cru, que la noirceur a été la marque imprimée à Caïn, pour le faire reconnoître. D'autres l'ont regardée, comme un effet de la malédiction prononcée par Noé, contre son fils Chanaan. Mais, en supposant quelqu'aparence de vérité à ces chimeres, comment l'effet du crime se seroit-il transmis à la postérité des coupables [...] Une autre idée, seroit que les Blancs & les Noirs doivent être sortis de différentes sources : mais Moïse fait sortir nettement tous les hommes d'une même souche.*

Suivant la tradition des Negres, Noé avoit trois fils, l'un blanc, l'autre bazané, le troisième noir, & ils eurent chacun une femme de leur couleur. »[2]

Chez cet auteur, qui, semble-t-il, fut courtisé par plusieurs éditeurs, les « Lumières » en cette fin de « *Siècle des lumières* » sont bien éteintes…

---

1 *Ib.*, p. 373.
2 *Ib.*, p. 377, 378.

Condillac, *Cours d'étude pour l'instruction du Prince de Parme* (1782)

Au tome cinq de ses *Cours au Prince de Parme*[1], Condillac aborde l'histoire ancienne, et, comme il se doit, commence par « *des tems antérieurs au déluge* ». Il constate que : « *Moïse ne nous a transmit qu'un petit nombre des événemens, arrivés depuis la création jusqu'au déluge.* » Il constate aussi que les copies qui restent des écrits de Moïse ne s'accordent pas entre elles, le texte hébreux fait cette période de 1656 ans, le samaritain, de 1307 ans et la version grecque des Septante, 2242 ans. Condillac se range à l'avis du texte hébreux, c'est l'option retenue par le concile de Trente. Nous ne le suivrons pas dans les conjectures qu'il esquissa sur l'histoire des peuples qui vécurent sur la terre en ces temps-là.

Renvoyant son élève au texte de l'*Ancien Testament*, l'abbé n'entre pas dans la présentation du récit de la *Genèse.*

Paulian Aimé-Henri & *Le véritable Systeme de la Nature*

Paulian Aimé-Henri, prêtre, publie le *Dictionnaire de physique* en Avignon, l'ouvrage en est à la 9e édition en 1789. L'article « *Systeme de la Nature* » est une violente critique de l'ouvrage qui porte ce titre ; il doute que cet ouvrage soit de Mirabeau, lequel, selon lui : « *n'avoit presqu'une connoissance en Physique, & [...] ajoute, d'après M. de Buffon, qu'il n'avoit nul empressement de se faire valoir, nul penchant à parler de soi, nul desir ni apparent, ni caché de se mettre au-dessus des autres, c'est-à-dire, que son caractere étoit diamétralement*

1 Condillac, *Cours d'étude pour l'instruction du Prince de Parme*, 6 volumes, Paris, Aux deux-ponts, 1782 ; tome 5, p. 6.

opposé à celui de l'auteur du Systeme de la Nature. »[1] Est-ce naïveté de la part de notre auteur, sa critique, appuyée sur de nombreuse et longue citation du texte critiqué ne peut que contribuer à la diffusion de son contenu.

Notre auteur n'y « *trouve [qu'un] tas informe d'absurdités, de contradictions, de maximes séditieuses, de blasphemes qui déshonorent le siecle où nous vivons ; c'est-là surtout où notre frénétique Auteur s'est livré à des accès de rage contre le souverain Maître de l'univers & contre ceux qu'il a fait sur la terre les dépositaires de son autorité ; c'est-là qu'après avoir parlé de la Divinité, de son Existence & de ses Attributs de la maniere la plus fausse, la plus hardie & la plus impie, il a eu la témérité d'établir un systeme suivi d'Athéisme...* »[2]

Dans l'article « *Comète* », dans lequel il aborde le problème de l'âge de la terre, il nie que le déluge universel puisse être causé par le passage d'une comète, celle-ci aurait dû repasser et, à chacun de ses passages, causer de nouveaux déluges... « *Aussi doit-on regarder le déluge universel comme un moyen surnaturel dont s'est servi le Tout-Puissant pour le châtiment des hommes ; & non comme un effet naturel où tout se seroit passé suivant les loix de la saine Physique* »[3]. Et, s'appuyant sur l'autorité de Buffon, il conclut que : « *le déluge universel* [...] *est donc un miracle dans sa cause & dans ses effets. Il faut nous borner à en savoir seulement ce que la Sainte-Ecriture en apprend, avouer en même-tems qu'il n'est pas permis d'en savoir davantage, & sur-tout ne pas mêler une mauvaise Physique à la pureté des livres Saints.* »

---

1 Aimé-Henri Paulian, *Dictionnaire de physique*, 9e édition, 5 volumes, article : « Système de la Nature », (tome 5), Avignon, J. J. Niel, 1789.

2 *Ib.*, tome 5, article *Systeme de la nature*, p. 255.

3 *Ib.*, tome 2, article *Comète*, p. 195, pour cette citation et la suivante.

De tout ceci, il s'ensuit que l'âge du monde est celui qui se déduit du texte de l'ancien testament.

Laplace et la formation du système planétaire

Dans l'*Exposition du système du monde*, publiée en 1796, un ouvrage qui eut de nombreuses rééditions[1], Laplace termine cette *Exposition* par une série de notes dans lesquelles il esquisse une histoire de l'astronomie. Dans des éditions ultérieures, il ajoute une note dans laquelle il esquisse une recherche de la cause des mouvements primitifs du système planétaire. Pour ce faire, il esquisse ces cinq mouvements : « *les mouvements des planètes dans le même sens, et à peu près dans un même plan ; les mouvements des satellites dans le même sens que ceux des planètes ; les mouvements de rotation de ces différents corps et du soleil, dans le même sens que leurs mouvements de projection et dans des plans peu différents ; le peu d'excentricité des orbes des planètes et des satellites ; enfin la grande excentricité des orbes des comètes, quoique leurs inclinaisons aient été abandonnées au hasard.* »[2]

Avant de donner son explication de ces mouvements des planètes, Laplace expose, pour en faire la critique, l'essai que fit Buffon pour rendre compte de l'origine des planètes et de leurs satellites :

« *Buffon est le seul que je connaisse, qui depuis la découverte du vrai système du monde, ait essayé de remonter à l'origine des planètes et des satellites. Il suppose qu'une comète, en tombant sur le soleil, en a chassé un torrent de matière qui s'est réunie au loin, en divers globes plus ou moins grands et plus ou moins*

1 Pierre-Simon Laplace, *Exposition du système du monde*, (1re édition, 1796), texte de l'édition de 1835, en partie revu et corrigé par l'auteur, note 7 & dernière, Paris, Fayard, 1984.
2 *Ib.*, p. 564, 565, pour cette citation et la suivante.

éloignés de cet astre : ces globes devenus par leur refroidissement opaques et solides, sont les planètes et leurs satellites.

Cette hypothèse satisfait au premier des cinq phénomènes précédents ; car il est clair que tous les corps ainsi formés doivent se mouvoir à peu près dans le plan qui passait par le centre du soleil, et par la direction du torrent de matière qui les a produits ; les quatre autres phénomènes me paraissent inexplicables par son moyen. A la vérité, le mouvement absolu des molécules d'une planète, doit être alors dirigé dans le sens du mouvement de son centre de gravité ; mais il ne s'ensuit point que le mouvement de rotation de la planète soit dirigé dans le même sens : ainsi, la terre pourrait tourner d'orient en occident, et cependant le mouvement absolu de chacune de ses molécules serait dirigé d'occident en orient ; ce qui doit s'appliquer au mouvement de révolution des satellites, dont la direction, dans l'hypothèse dont il s'agit n'est pas nécessairement la même que celle du mouvement de projection des planètes.

Un phénomène, non-seulement très difficile à expliquer dans cette hypothèse, mais qui lui est contraire, est le peu d'excentricité des orbes planétaires. On sait par la théorie des forces centrales, que si un corps mû dans un orbe rentrant autour du soleil, rase la surface de cet astre, il y reviendra constamment à chacune de ses révolutions ; d'où il suit que si les planètes avaient été primitivement détachées du soleil, elles le toucheraient à chaque retour vers cet astre, et leurs orbes loin d'être circulaires, seraient fort excentriques. Il est vrai qu'un torrent de matière, chassé du soleil, ne peut pas être exactement comparé à un globe qui rase sa surface : l'impulsion que les parties de ce torrent, reçoivent les unes des autres, et l'attraction réciproque qu'elles exercent entre elles, peuvent, en changeant la direction de leurs mouvements, éloigner leurs périhélies, du soleil. Mais leurs orbes devraient toujours être fort excentriques, ou du moins, ils n'auraient pu avoir tous, de petites excentricités, que par le hasard le plus extraordinaire. Enfin, on ne voit point dans l'hypothèse de Buffon, pourquoi les orbes de plus de cent comètes déjà observées, sont tous fort allongés : cette hypothèse est donc très éloignée de satisfaire aux phénomènes précédents. »[1]

Venons-en enfin à l'interprétation que Laplace donne du mouvement des planètes. : « *Quelle que soit [la] nature [de sa cause], puisqu'elle a produit ou dirigé les mouvements des planètes, il faut qu'elle ait embrassé tous ces corps ; et vu la distance prodigieuse qui les sépare, elle ne peut avoir été qu'un fluide d'une immense étendue. Pour leur avoir donné dans le même sens, un mouvement presque circulaire autour du soleil ; il faut que ce fluide ait environné cet astre, comme une atmosphère. La considération des mouvements planétaires nous conduit donc à penser qu'en vertu d'une chaleur excessive, l'atmosphère du soleil s'est primitivement étendue au-delà des orbes de toutes les planètes, et qu'elle s'est resserrée successivement, jusqu'à ses limites actuelles.*

Dans l'état primitif où nous supposons le soleil, il ressemblait aux nébuleuses que le télescope nous montre composées d'un noyau plus ou moins brillant, entouré d'une nébulosité qui, en se condensant à la surface du noyau, le transforme en étoile. Si l'on conçoit, par analogie, toutes les étoiles formées de cette manière ; on peut imaginer leur état antérieur de nébulosité, précédé lui-même par d'autres états dans lesquels la matière nébuleuse était de plus en plus diffuse, le noyau étant de moins en moins lumineux. On arrive ainsi, en remontant aussi loin qu'il est possible, à une nébulosité tellement diffuse, que l'on pourrait à peine, en soupçonner l'existence. [...]

---

1 *Ib.* note 7, pour cette citation et la suivante.

Mais comment l'atmosphère solaire a-t-elle déterminé les mouvements de rotation et de révolution des planètes et des satellites ? Si ces corps avaient pénétré profondément dans cette atmosphère, sa résistance les aurait fait tomber sur le soleil ; on peut donc conjecturer que les planètes ont été formées à ces limites successives, par la condensation des zones de vapeurs, qu'elle a dû en se refroidissant, abandonner dans le plan de son équateur. »

Un peu d'humour puisé dans la préface que Guy de Maupassant a faite de l'*Histoire de Manon Lescaut et du Chevalier des Grieux* de Prévost[1], édité à Paris chez H. Launette en 1885, et rééditée dans ses *Chroniques littéraires et parisiennes*[2] : *« Puis voici Manon Lescaut, plus vraiment femme que toutes les autres, naïvement rouée, perfide, aimante, troublante, spirituelle, redoutable et charmante.*

En cette figure si pleine de séduction et d'instinctive perfidie, l'écrivain semble avoir incarné tout ce qu'il y a de plus gentil, de plus entraînant et de plus infâme dans l'être féminin. Manon, c'est la femme toute entière, telle qu'elle a toujours été, telle qu'elle est, et telle qu'elle sera toujours.

Ne retrouvons-nous point en elle l'Eve du paradis perdu, l'éternelle et rusée et naïve tentatrice, qui ne distingue jamais le bien du mal, et entraîne par la seule puissance de sa bouche et de ses yeux l'homme faible et fort, le mâle éternel.

Adam, d'après la légende ingénieuse de l'Ecriture, mange la pomme que lui présente sa compagne... »

---

1 Prévost d'Exiles, Antoine François, (dit l'abbé Prévost), *La véritable Histoire du chevalier Des Grieux et de Manon Lescaut*, 1731.

2 Guy de Maupassant, préface d'ouvrage de l'abbé Prévost, *Histoire de Manon Lescaut et du Chevalier des Grieux*, [Paris, H. Launette, 1885], in *Chroniques littéraires et parisiennes, Œuvres complètes*, Paris, Maurice Gonon, éditeur d'art & Albin Michel, s. d., p. 384.

Bibliographie, Acteurs de l'histoire

Abbadie Jacques, *Traité de la vérité de la religion chrétienne*, La Haye, Jean Neaulme, 1684 & Rotterdam, Reinier Leers 1684 & 1701.

Abbadie, *Traité de la vérité de la Religion Chrétienne où l'on établit la Religion Chrétienne par ses propres caractères*, La Haye chez Jean Neaulme, 1771.

D'Alembert, Jean Le Rond, *Essai sur les éléments de philosophie ou sur les principes des connaissances humaines*, 1759 ; texte revu par Catherine Kintzler, Paris, Fayard, Corpus, 1986.

D'Alembert, *Discours préliminaire de l'Encyclopédie, publié intégralement d'après l'édition de 1763* par F. Picavet, Paris, Vrin-reprise, 1984.

Anonyme, *De la nature*, Amsterdam, chez E. van Harrevelt, tome 1, 1761, tome 2, 1763.

Anonyme, *L'art de ne croire en rien suivi du Livre des trois imposteurs*, édition établie et préfacée par Raoul Vaneigem, Paris, Editions Payot & Rivages, 2002.

Anonyme, *L'antiquité dévoilée par ses usages de feu M. Boulanger,* Amsterdam, Marc Michel Rey, 1766.

Anonyme, *L'oracle des nouveaux philosophes pour servir de suite et d'éclaircissement aux œuvres de M. de Voltaire*, Berne, 1759.

Argens [Le Marquis d'], *La Philosophie du bon sens ou Réflexions philosophiques sur l'incertitude des Connoissances Humaines, corrigée & augmentée considérablement par l'auteur avec un examen critique des remarques de M. l'Abbé d'Olivet,* 3 volumes, La Haye, chez Pierre Paupie, 1768.

Thomas d'Aquin, *« l'œuvre de création »*, introduction et notes par André-Marie Dubarle, in *Somme théologique*, I, Q. 65-74 ; Q. 67, articles 1-4.

Thomas d'Aquin, *« Le dieu créateur »*, introduction et notes par Jean-Michel Maldamé, in *Somme théologique*, I, Q. 44-64 ; Q. 46, article 2, *Est-ce un article de foi que le monde ait commencé ?*

***Thomas d'Aquin** et la controverse sur l'éternité du monde*, Présentations et traduction sous la direction de Cyrille Michon, Paris, GF Flammarion, 2004.

Augustin [Saint], *Sur la Genèse contre les Manichéens, Sur la Genèse au sens littéral, Livre inachevé*, traduction de P. Monat, in *Œuvres de Saint Augustin*, 50, Paris, Institut d'études augustiniennes, 2004.

Augustin, *Les Confessions*, édité par Lucien Jerphagnon, Paris Gallimard, La Pléiade, 1998.

Bailly, *Histoire de l'astronomie ancienne depuis son origine jusqu'à l'établissement de l'Ecole d'Alexandrie*, Paris, chez les Frères Debure, 1775.

Bayle Pierre, *Dictionnaire historique et critique*, Seconde édition, revuë, corrigée & augmentée par l'Auteur, Rotterdam, Reinier Leers, 1702. 3 volumes. [*Supplément au dictionnaire historique et critique par Monsieur Bayle*, Genève, chez Fabri & Barrillot, 1722].

Bernier [L'Abbé], *Théologie portative ou Dictionnaire abrégé de la Religion Chrétienne*, Londres, 1768.

Bernier François, *Abrégé de la philosophie de Gassendi*, 8 volumes, Lyon, chez Anisson & Posuel, 1671. (réédition, chez Arthème Fayard, collection : Corpus, 1992).

Père Berruyer, *Histoire du peuple de Dieu*, 8 volumes, chez huit éditeurs-libraires à Paris, 1728.

Bonnet, *La palingénésie philosophique*, 2 volumes, Genève, chez Claude Philibert & Barthelemi Chirol, 1769.

Bossuet, *Introduction à la philosophie ou de la connoissance de Dieu et de soi-mesme*, à Paris, Denis Horthemels, 1722 ; Paris, Fayard, 1990 ; p. 201, 202.

Bossuet, *Défense de la tradition et des Saints Pères*, restée inachevée et publiées seulement en 1743 et en 1763 : 2 volumes, Paris chez Jean Thomas Herissant & les frères Estienne, 1763

Bossuet, *Discours sur l'histoire universelle depuis le commencement du monde jusqu'à l'Empire de Charlemagne,* Paris, Mabre Cramoisy, 1681

Boyer d'Argens (attribué à), *Thérèse philosophe* (1748), La Haye. *& in Romanciers libertins du XVIIIe siècle, Gallimard, Bibliothèque de la Pléiade,* 2000, tome 1.

Buffon, *Histoire & théorie de la terre*, 1749 ; in *Œuvres d'Histoire naturelle*, 40 volumes, Berne, la Nouvelle Société Typographique, 1792.

Buffon, *Époques de la nature*, 1778 ; in *Œuvres*, p. 1215. &, in *Chefs-d'œuvre littéraires de Buffon* avec une introduction de M. Flourens, 2 volumes, Paris, Garnier Frères, 1864.

Augustin Calmet, *Commentaire littéral sur tous les livres de l'ancien et du nouveau testament, la Genèse*, 2e édition, revûë, corrigée, & augmentée, Paris, chez Pierre Emery, 1715.

Mme du Châtelet, *Doutes sur les religions révélées, adressées à Voltaire*, ouvrage posthume, Paris, 1792.

Mme du Châtelet, *Examens de la bible*, édités et annotés par Bertram Eugene Schwarzbach, Paris, Honoré Champion, 2011.

Chevignard de la Pallue, *Idée du monde ou idées générales des choses dont un jeune-homme doit être instruit*. 2 volumes, Dijon, chez Frantin, Paris, chez Pissot, Lyon, chez les frères Perisse, 1779 ; 2de édition, Paris, Moutard, 1782.

Condillac, *Traité des sensations* (1754), *Traité des animaux* (1755), Paris, Fayard, Corpus, 1984.

Condillac, *Cours d'étude pour l'instruction du Prince de Parme*, 6 volumes, Paris, Aux deux-ponts, 1782.

Descartes, *Principe de philosophie*, 1647, in *Œuvres de Descartes*, publiées par Charles Adam & Paul Tannery, Paris, Vrin, 1996 ; tome VI.

Dictionnaire de Furetière, édition posthume, préface de Pierre Bayle, 1690.

Diderot, *Suite de l'apologie de M. l'abbé de Prades*, in Diderot, *Œuvres*, tome 1, Philosophie, Paris, Robert Laffont, 1994.

Diderot, *Œuvres*, édition établie et annotée par André Billy, Gallimard, La Pléiade, 1951.

Diderot, *Pensée sur l'interprétation de la nature*, 1753, in *Œuvres philosophiques*, édition publiée par Michel Delon & Barbara De Negroni, *Gallimard, Bibliothèque de la Pléiade*, 2010.

Diderot, *Pensée sur l'interprétation de la nature*, 1753 ; présentation, notes, bibliographie et chronologie par Colas Duflo, Paris, GF Flammarion, 2005.

Esteve, *Origine de l'Univers expliquée par un Principe de la matière*, Berlin, 1748.

Euler, *Lettres à une princesse d'Allemagne sur divers sujets de physique et de philosophie*, Genève, Barthelemi Chirol, 1775, 3 tomes.

Fénelon, *Réfutation du système du père Malebranche*, in *Œuvres, II*, édition présentée, établie et annotée par Jacques Le Brun, Paris, Gallimard, la Pléiade, 1997.

D'Holbach, *Système de la nature*, 2 tomes, Texte revu par Josiane Boulad-Ayoub, Paris, Fayard, Corpus, 1990.

Pierre Daniel Huet, *Traité de la situation du paradis terrestre*, Paris, Jean Anisson, 1691.

Jérôme [Saint], *Livre des questions hébraïques sur la Genèse*, in *Œuvres complètes de St Jérôme*, traduites en français et annotées par l'abbé Jean-François Bareille, tomes 1 à 12 et tome 18 ; 1877-1885.

Pierre Jurieu, *Des droits des deux souverains en matière de religion*, Rotterdam 1687 ; *Des droits des deux souverains en matière de religion. Le philosophe de Rotterdam,* texte revu par Barbara de Negroni, Paris, Fayard, coll. Corpus, 1997.

Kant, *Histoire générale de la nature et théorie du ciel*, [extraits], Textes traduits et annotés par François Marty, in *Œuvres philosophiques*, tome 1, Paris, La Pléiade, Gallimard 1980.

La Mettrie Julien Offray de, *L'homme machine*, 1748, in *Œuvres philosophiques*, Etablissement du texte et annotation par Jean-Pierre Jackson, Vendôme, 2004.

Pierre-Simon Laplace, *Exposition du système du monde*, (1re édition, 1796), texte de l'édition de 1835, en partie revu et corrigé par l'auteur, Paris, Fayard, 1984.

Leibniz, *Discours de métaphysique, Essais de théodicée, Monadologie,* présentation par Roger-Pol Droit, Les *Essais de théodicée, Notes et bibliographie par Jacques Brunschwig*, Paris, Flammarion, 2008..

Linné Carl von, *L'équilibre de la nature*, traduit par Bernard Jasmin, introduction et notes par Camille Limoges, Paris, Vrin, 1972.

Maillet Benoît de, *Telliamed*, 1748, Paris, Fayard, Corpus, 1984.

Moïse Maïmonide, *Le guide des égarés*, traduit de l'Arabe par Salomon Munk, préface de Claude Birman, suivi du *Traité des huit chapitres*, traduit de l'Arabe par Jules Wolf, préface de Franklin Rausky, Nouvelle édition revue par Charles Mopsik, [Lagrasse], Verdier, 1979.

Marmontel, *Mémoires*, préface, notes et table de Maurice Tourneux, Paris, Librairie des bibliophiles, 1891 ; tome 1.

Gui de Maupassant, préface d'ouvrage de l'abbé Prévost, *Histoire de Manon Lescaut et du Chevalier des Grieux*, [Paris, H. Launette, 1885], in *Chroniques littéraires et parisiennes, Œuvres complètes,* Paris, Maurice Gonon, éditeur d'art & Albin Michel, s. d.

Maupertuis P. L. Moreau de, *Examen philosophique de la preuve de l'existence de Dieu employée dans l'essai de cosmogonie*, 1757 ; in *Œuvres I*, introduction de Giorgio Tonelli, Hildesheim, New York, Georg Olms Verlag, 1974.

Michel de Montaigne, *Essais*, introduction par Emile Faguet, Paris, Nelson, Editeurs, 1930 ; livre II, chapitre XII, *Apologie de Raimond Sebond.*

P. L. Moreau de Maupertuis, *Vénus physique*, in *Œuvres II,* Hildesheim, Georg Olms Verlag, 1965.

Jean Meslier, *Testament de,* nouvelle édition, 1762.

Morellet André, *Lettres*, publiées et annotées par Dorothy Medlin et Jean-Claude David avec la collaboration de Paul Leclerc, 2 volumes, Oxford, The Voltaire Foundation, Taylor Institution, 1994.

Morellet (l'Abbé André), *Mémoires inédites sur le dix-huitième siècle et sur la révolution française,* introduction et notes de Jean-Pierre Guicciardi, Paris, Mercure de France, 1988.

Morellet André, *Abrégé du manuel des inquisiteurs, 1762*, texte présenté et annoté par Jean-Pierre Guicciardi, Grenoble, Editions Jérôme Million, 2000.

Isaac Newton, *Principes mathématiques de la philosophie naturelle*, Traduction de la Marquise du Chastellet augmentée des Commentaires de Clairaut, 2 tomes, Paris chez Desaint & Saillant, et Lambert, 1756. fac-similé Paris, Albert Blanchard, 1966.

Isaac Newton, *De la gravitation ou les fondements de la mécanique classique*, introduction, traduction et notes de Marie-Françoise Biarnais, Paris, les Belles Lettres, 1985.

Aimé-Henri Paulian, *Dictionnaire de physique*, 9e édition, 5 volumes, Avignon, J. J. Niel, 1789.

Noël-Antoine Pluche, *Spectacle de la nature*, 8 tomes en 9 volumes, Paris, Vve Estienne, 1732-1750.

Noël-Antoine Pluche, *Histoire du ciel*, 2 volumes, Paris, Vve Estienne, 1737 ; 2de édition, 1740.

Prévost d'Exiles, Antoine François, (dit l'abbé Prévost), *La véritable Histoire du chevalier Des Grieux et de Manon Lescaut*, 1731.

Rey, *L'existence et la sagesse de Dieu manifestées dans les œuvres de la création* par le sieur Rey, membre de la Société royale, traduit de l'anglais par G. Broedelet, A. Utrecht, chez Guillaume Broedelet, marchand libraire, 1714.

Richard Simon, *Histoire critique du vieux Testament* ; édition originale, préface non paginée. [& autre édition, Reinier Leers a publiée à Rotterdam en 1685].

Spinoza, *Traité des autorités théologique et politique*, in *Œuvres complètes*, traduites par Roland Caillois, Madeleine Francès et Robert Misrahi, Paris, Gallimard, Bibliothèque de la Pléiade, 1967

Voltaire, *Eléments de la philosophie de Newton*, critical edition by Robert L. Walters and W. H. Barber, Oxford, The Voltaire Foundation, Taylor Institution, 1992.

Voltaire, *Mélanges*, Paris, Gallimard, Bibliothèque de la Pléiade, 1961.

Voltaire, *La métaphysique de Neuton ou parallèle des sentimens de Neuton et de Leibnitz*, Amsterdam, Jaques Desbordes, 1740.

Voltaire, *Dictionnaire philosophique*, (1ere édition 1764), 1769, édition de J. Benda et R. Naves, Paris, Garnier Frères, 1961.

Voltaire, *La bible enfin expliquée*, texte, édition critique par Bertram Eugene Schwarzbach, Oxford, Voltaire Foundation, 2012.

Voltaire, *Dictionnaire philosophique*, (1ere édition 1764), 1769, édition de J. Benda et R. Naves, Paris, Garnier Frères, 1961.

Bibliographie, auteurs contemporains

Bronislaw Baczko, *Job, mon ami, Promesses du bonheur et fatalité du mal*, Paris, Gallimard, NRF essais, 1997.

Alain Blondy, *Nouvelle histoire des idées*, Paris, Perrin, 2018.

Hubert Bost, *Pierre Bayle*, Paris, Fayard, 2006.

Roger Chartier, *Les origines culturelles de la Révolution française*, Paris, Points-Seuil, 2000.

Guy Chaussinand-Nogaret, *Les Lumières au péril du bûcher, Helvétius et d'Holbach*, Paris, Fayard, 2009.

Histoire de la pensée, philosophies et philosophes, Renaissance de siècle des Lumières, Paris, Tallandier, 1990.

Collectif : Daniel Andler, Anne Fagot-Largeault, Bertrand Saint-Sernin, *Philosophie des sciences I*, Paris, Gallimard, Folio-Essais, 2002.

Collectif : Sophie Audidière, Jean-Claude Bourdin, Jean-Marie Lardic, Francine Maarkovits, Yves Charles Zarka**,** *Matérialistes français du XVIIIe siècle, La Mettrie, Helvétius, d'Holbach*, Paris, PUF, 2006**.**

Robert Darnton, *La fin des Lumières, Le mesmérisme et la Révolution française*, Perrin, 1984.

Jean-Louis Dumas, *Histoire de la pensée, philosophies et philosophes*, tome 2, *Renaissance et siècle des Lumières*, Tallandier, 1990.

Jean Ehrard, *L'idée de nature en France à l'aube des Lumières*, Paris, Flammarion, 1970.

Norman Hampson, *Le Siècle des lumières*, (1968) traduit de l'anglais par Françoise Werner et Michel Janin, Paris, Seuil-Histoire, 1972.

Arsène Houssaye, *Galerie du XVIIIe siècle, Poètes et Philosophes*, Paris, Hachette, 1858.

Elisabeth Labrousse, *Conscience et conviction, Etudes sur le XVIIe siècle*, Paris, Universitas, Oxford, Voltaire Fondation, 1996.

Elisabeth Labrousse, *Pierre Bayle*, Nijhoff, La Haye 1963-1964 ; *Conscience et conviction, Etudes sur le XVIIe siècle*, Universitas, Voltaire Foundation, 1996.

Gustave Lanson, *Histoire de la littérature française* (1894), 14e édition, Paris, Hachette, 1920.

Robert Lenoble, *Histoire de l'idée de nature*, Paris, Albin Michel, 1969.

Véronique Le Ru, *Subversibles Lumières, L'Encyclopédie comme machine de guerre*, Paris, CNRS Editions, 2007.

Robert Locqueneux, *Science classique & théologie*, Paris, Vuibert, Adapt-SNES, 2010.

Robert Locqueneux, « Antoine-Noël Pluche, une contribution chrétienne aux idées des lumières », *Revue Espaces Marx*, 4, 1993, p. 3-15. « L'abbé Pluche, ou l'accord de la foi et de la raison à l'aube des Lumières », *Sciences & techniques en perspective, 2e série, vol. 2, n° 2, 1998, p. 235-288.*

Arnaud De Maurepas & Florent Brayard, *Les français vus par eux-mêmes, Le XVIIIe siècle, Anthologie des* *mémorialistes du XVIIIe siècle*, Paris, Robert Laffont, 1996.

Daniel Mornet, *Les origines intellectuelles de la Révolution française, (1715-1787)*, troisième édition, Paris, Armand Colin, 1938.

Daniel Mornet, *La pensée française au XVIIIe siècle*, Paris, Armand Colin. 1969.

Roland Mortier, « L'athéisme en France au XVIIIe siècle, progrès et résistances », in *Le cœur et la raison, Recueil d'études sur le dix-huitième siècle*, préface de René Pomeau, Voltaire Foundation, Oxford, Editions de l'Université de Bruxelles, Universitas, Paris, 1990.

René Pomeau, *La religion de Voltaire*, nouvelle édition revue et mise à jour, Paris, A.-G. Nizet, 1995.

Jacques Proust, *Diderot et l'Encyclopédie*, Paris, Albin Michel1962.

Jacques Roger, *Les sciences de la vie dans la pensée française au XIIIe siècle*, Paris, Albin Michel, 1963, nouvelle édition 1993.

Jacqueline Russ (dir.), ouvrage collectif, *Histoire de la philosophie, l'invention du monde moderne*, Paris, Armand Colin, 1997.

Table des matières

Structures éditoriales du groupe L'Harmattan

L'Harmattan Italie
Via degli Artisti, 15
10124 Torino
harmattan.italia@gmail.com

L'Harmattan Hongrie
Kossuth l. u. 14-16.
1053 Budapest
harmattan@harmattan.hu

L'Harmattan Sénégal
10 VDN en face Mermoz
BP 45034 Dakar-Fann
senharmattan@gmail.com

L'Harmattan Cameroun
TSINGA/FECAFOOT
BP 11486 Yaoundé
inkoukam@gmail.com

L'Harmattan Burkina Faso
Achille Somé – tengnule@hotmail.fr

L'Harmattan Guinée
Almamya, rue KA 028 OKB Agency
BP 3470 Conakry
harmattanguinee@yahoo.fr

L'Harmattan RDC
185, avenue Nyangwe
Commune de Lingwala – Kinshasa
matangilamusadila@yahoo.fr

L'Harmattan Congo
67, boulevard Denis-Sassou-N'Guesso
BP 2874 Brazzaville
harmattan.congo@yahoo.fr

L'Harmattan Mali
Sirakoro-Meguetana V31
Bamako
syllaka@yahoo.fr

L'Harmattan Togo
Djidjole – Lomé
Maison Amela
face EPP BATOME
ddamela@aol.com

L'Harmattan Côte d'Ivoire
Résidence Karl – Cité des Arts
Abidjan-Cocody
03 BP 1588 Abidjan
espace_harmattan.ci@hotmail.fr

L'Harmattan Algérie
22, rue Moulay-Mohamed
31000 Oran
info2@harmattan-algerie.com

L'Harmattan Maroc
5, rue Ferrane-Kouicha, Talaâ-Elkbira
Chrableyine, Fès-Médine
30000 Fès
harmattan.maroc@gmail.com

Nos librairies en France

Librairie internationale
16, rue des Écoles – 75005 Paris
librairie.internationale@harmattan.fr
01 40 46 79 11
www.librairieharmattan.com

Librairie l'Espace Harmattan
21 bis, rue des Écoles – 75005 Paris
librairie.espace@harmattan.fr
01 43 29 49 42

Lib. sciences humaines & histoire
21, rue des Écoles – 75005 Paris
librairie.sh@harmattan.fr
01 46 34 13 71
www.librairieharmattansh.com

Lib. Méditerranée & Moyen-Orient
7, rue des Carmes – 75005 Paris
librairie.mediterranee@harmattan.fr
01 43 29 71 15

Librairie Le Lucernaire
53, rue Notre-Dame-des-Champs – 75006 Paris
librairie@lucernaire.fr
01 42 22 67 13

www.ingramcontent.com/pod-product-compliance
Lightning Source LLC
LaVergne TN
LVHW010942051026
849532LV00003B/1099
9782343212388